U0163976

孫子十三篇新解讀

韓廷一◎注譯

自 序

前年（二○○三）二月，付印《老子道德經新解讀》。在此出版業一片不景氣、大崩盤聲中，原不抱任何指望，只要有個五百本的「最低銷售業績」，也就偷笑了。哪曉得竟然一版、二刷、三刷地刷個不停。去年（二○○四）六月印《紅樓煙雲——大觀園人物訪談錄》，想來也賣得不錯。而我的「歷史人物訪談系列」，從《挑戰歷史》、《顛覆歷史》、《八卦歷史》、《黑白歷史》到《分合歷史》……，雖自詡別出心裁、獨具風格，為千古一得之作，卻不見有意料中的大賣、特賣。這下方才知道，親愛的讀者們看的並非區區作者——「韓廷一」三個字，而是「道可道」老子李耳與「悲情作家」曹雪芹的大大面子。

前陣子整理書房，發現舊書堆中有：《孫吳概述教本》、《孫子兵法十家註》、《十一家注孫子》、《孫子兵法十三篇》、《孫吳兵略問答》等書數冊。那是三弟廷榕的藏書，書中除了有密密麻麻的批註（包括眉批與旁批）外，還寫著「略盡吾之薄才」稚嫩的字樣。

三弟少時進「空軍幼年學校」（與倪敏然、王夢麟等人同學），畢業後直升「空軍軍官學校」，在「哥哥爸爸真偉大……」的兒歌聲中，一心想做個橫槊賦詩的「飛虎將軍」。卻未料，在官校四年級臨上飛機前，竟然驗得「肺結核第三期」的宣判。在那個一窮二白的四、五十年前，肺病第三期一詞之恐怖狀，不下於今日得SARS纖維化肺炎之絕症。不但他個人萬念俱灰，全家人也為之陷入絕境。

至今仍然令我百思不得其解的是：一個生龍活虎、志在一飛沖天的十五歲青少年，在先進優裕的空軍陶冶了七年，享受了當時人們夢寐以求的「空勤伙食」之後，竟然以「肺結核末期」的結局被掃地出門。然而，當年同在「太子連」（第四連）有上尉副官伴讀的蔣孝勇同學，竟然也同時因「故」（絕對不是肺結核第三期）獲得保送轉學臺大政治系就讀（美其名曰國立轉國立）。各位別忘了空軍官校，當時也是國（民黨）立的，現在則可能「國」營企業轉為「民」營化了。

正所謂天無絕人之路，吾弟在療養一年半之後，南北奔波參加轉學考試，得以進入淡江土木工程學系二年級；畢業後進美國北伊利諾大學習電腦；後為I.B.M.公司電腦程式設計師至今。祖上積德，天佑吾家！

「軍隊哪一天不死人？」這是前國防部蔣×苓先生的曠世名言。準此，作戰時固然死人，演習，出操、訓練莫不例外；更誇張的是連「國軍歷史文物館」都死了人——姦殺、毀屍、棄屍一個高中女學生，以致軍史館的外號叫「軍死館」，冷冷清清，門可羅雀。

君不見我家隔壁鄰居，活生生的一介青年，進了軍校後，抬回來的竟然是個「植物人」；還有當年滿腔熱血、忠黨愛國的施姓青年，讀了二年軍校專修班後，竟然「叛國、叛黨」，遂至坐牢二十五年之久，日後成為改革政治反對黨領袖；宜蘭縣籍林姓模範上尉連長，竟然「陣前叛國」，游向「敵」陣，成為國際知名的經濟學家。想當然，還有許多陸軍官兵，他們不死於保家衛國，衝鋒陷陣的戰火中，而是死於被虐、被整，以至鬱卒以終，自裁而死；遙望新店碧潭空軍公墓中的烈士們，他們絕大部分並不死於與「敵」纏鬥之中，而是死於美國帝國主義所淘汰下來老舊飛機的例行飛行訓練中；至於海軍嘛，在「西線無戰事」（那也不過是一種中國人買外國武器殺另外一群中國人的「遊戲」罷了！）的情況下，除了尹清楓上校的「溺」死之外，想當然還有更多「暈船」、「悶艙」而死的官兵士卒。

將軍們！您胸前金碧輝煌、銀光閃閃的各類大、小勛章，那不過是萬千骷髏、無名骨所發出的冷冷燐光而已！

小國寡民的臺灣，前瀕海峽，後絕大洋；既乏西東縱深，亦無南北延伸，憑什麼建軍擴武；憑什麼添艦購彈？六千一百餘億的購武預算？你到底要打誰？你到底要向誰示威？瞋目切齒之餘還要螳臂當車，要置臺灣人民於胡底？

「夫佳兵者，不祥之器，物或惡之，故有道者不處。」（老子《道德經》第三十一章）

「魚不可脫於淵，國之利器，不可以示人。」（老子《道德經》第三十六章）

老子固然主張和平，是個反戰主義者。原先以為武聖孫武著《孫子兵法十三篇》是部「戰爭寶典」，應該是個熱衷於主戰者。深入研讀之後，才發現「兵者，國之大事，死生之地，存亡之道。」(《孫子．始計第一》) 不可不慎也！他主張「上兵伐謀，其次伐交，其次伐兵，其下攻城。」(《孫子．謀攻第二》) 伐謀是情報戰、心理戰，伐交是政治戰、外交戰；不得已才從事軍事戰，最後才進行攻城掠地之原野追逐戰。在〈九變篇〉中，他教我們八種避戰的方法，非到「死地」絕不輕啟戰端，並一再地強調：「全國為上，破國次之；全軍為上，破軍次之；全旅為上，破旅次之；全卒為上，破卒次之；全伍為上，破伍次之。」(《孫子．謀攻第三》) 兵學的最高境界，乃在於「不戰而屈人之兵，善之善者也。」(〈謀攻第三〉)

臺灣的某些當政或已不當政的政治人物，每每利用海島人民虛張聲勢的民粹主義，成天地喊打、喊殺，其目的除了利用購置軍備大賺其「回扣」中飽私囊外，還誤以為擁兵自重，窮兵黷武，足以抬高身價，累積政治籌碼。君不見在近現代史中，以袁世凱君臣、張作霖父子、蔣氏父子到希特勒、墨索里尼、日本軍閥，其結局莫不死得很「難堪」。

韓廷一

2005年8月於臺北煮字療饑齋

附記：原本想叫老三現身說法，寫一篇「跋」附之於後。他從美國打電話來說：「算了！回首太平洋此岸，紅、橙、黃、綠、藍、黑、紫的政潮，波濤洶湧，一切盡在不堪回首中。」嗚呼！天佑臺灣，阿門！

目　錄

訪談篇

將在軍，君命有所不受
～孫子訪問記～

「國之大事，在祀與戎。」自有國家以來，就有仗陣。生存競爭，自免不了有利害之衝突；因而我們可以說國家因戰爭而生，亦因戰爭而亡。翻開一部中國五千年史，從黃帝軒轅氏征蚩尤、戰炎帝、逐薰鬻……展開了一連串的民族鬥爭史。

及至周朝末年，面對著封建體制崩潰，導致天子陵夷，列國並起，試圖以嚴刑峻法、獎勵軍功，進而達到對內保障王權，對外鞏固國權之目的，法家（申不害、慎到與韓非）和兵家（吳起、司馬穰苴與孫吳）的學說風起雲湧，成為當時的顯學。

有孫武者，著：《孫子十三篇》，成為富國強兵之典範，「今境內之民皆言兵，藏孫吳之書者家有之。」(《韓非子・五蠹篇》）就兵言兵，《孫子十三篇》已成我民族戰爭經驗之結晶品焉！

到了漢初，由於罷黜百家，獨尊儒術，加之隋唐科舉制度之發揚，導致重文輕武以為開朝立國之策；從此中國歷史成為一部外患入寇、積弱不振史，君不見晉之五胡亂華，唐末五代十國之紛，宋敗亡於遼、金、元，明亡於清，民國之險亡於日寇……。

讓我們起孫武子於九泉之下，一訪戰爭之道，強國之本。因為《孫子十三篇》不僅僅是軍事的（包括軍事運籌帷幄學、軍事心理學、軍事後勤學……）；同時也是哲學的、藝術的、生活的，足以言政、言商、拓展人際關係；文字之美更是文學的、藝術的，足與老子的《道德經》前後互映生輝。

一、姜太公釣魚、願者上鉤

記：孫將軍您好，請接受《國文天地》記者之獨家專訪。

孫：我姓孫、名武、字長卿……。

記：您是吳國人吧！不然怎麼會獻《兵法十三篇》於吳王闔閭？

孫：我是齊國樂安（今山東省惠民縣）人。

記：人家是楚材晉用，您可稱得上齊材吳用了！

孫：事情是這樣的！周朝行封建制度。周朝宰相周公姓姬名旦，其子伯禽被賜以「魯」做為封邑。

記：周公的前一任宰相是呂尚、姜子牙……。

孫：呂尚又名太公望……。

記：據說他早年在渭水之濱垂釣。

孫：他的釣鉤離水三寸，美其名曰：姜太公釣魚，離水三寸，願者上鉤。

記：這哪兒是釣魚，又怎麼會釣得上魚。

孫：說的也是嘛！這簡直是政治釣術嘛！套句現代「政治語言」，他是「超會選舉」的！

記：那個時光，又非「民之所欲，常在我心」的民主時代，怎麼會有選舉、投票的遊戲？

孫：話說呂尚滿肚子的文韜武略，滿腦子的奇門遁甲。

記：這麼說他是文事武功雙全。

孫：他眼看八十歲的生日快到了……。

記：人們常以「人生七十方開始」來自我安慰、阿Q一番。

孫：但究竟歲月不饒人，時不我予矣！加上老婆子又成天地「碎碎念」，念個不停。

記：想想若再不出個奇招，把不定這輩子「與青山同在」，一切都完了。

孫：呂尚鄰村有個姬姓酋長叫西昌伯（即後之周文王）的，經常率領家丁、兵士到渭水之濱的河灘地，操練陣法隊形。呂尚他老人家就三不五時的，也到渭水去垂釣。

記：敢情他不是去釣魚，而是去釣馬子的？

孫：又不是老番顛，八十歲還釣什麼馬子，告訴你實話，他是去釣西昌伯的！

記：那要怎麼釣？

孫：西昌伯遠遠地看見呂尚這種史無前例Stupid的垂釣法，由於好奇心的驅使，便下車前去探望問話。

記：這下一談傾心，相見恨晚！

孫：西昌伯十分感慨的說：「太公望子久矣！」

記：原來西昌伯雖貴為殷商紂天子的諸侯，但祖孫三代（從古公亶父、季歷到姬昌），早就想顛覆商朝了。

孫：所以才有「太公望子久矣」之歎。一見之下，立刻拜為軍師。

記：呂尚這一生怎麼有這麼多的名、號、外號的？

孫：呂尚名牙、字子牙，他們原姓姜。

記：代誌那A按呢？

孫：你也知道，先民社會是個母系社會；因而「姓」都從女字旁……。

記：譬如說：姚、姬、嫪、姜、嬴、姒、婁、媯等……。

孫：還有姞、嫞、娍、姺、嫘、妘、嬰……等。

記：有沒有人姓「姦」的？

孫：肯定是有的，可能是三姊妹住在一個窯洞內；不過也許這個字太不雅，她們早就改別的姓了。

記：那麼「魏」又是怎麼得姓的？

孫：可能是上千個「死查某鬼仔」，同住在一個山洞內。

記：換句話說，「姓」都來自於咱們老祖母，因而有「三代以來，因生賜姓，以別婚姻」之說。

孫：到了周代才因封建制度，由天子「胙土命氏，以貴功德」。這一古老的姜姓，其後代因戰功被封於呂（今河南南陽縣西），遂以為氏。

記：所以我們今天叫他呂尚、姜尚、姜子牙、姜太公、太公尚父……他都不反對。

二、齊魯兄弟小邦・文化大國

孫：武王伐紂後，封周公於魯，以為食邑，因周公忙於政務，並未就國。

記：那魯豈不成為無人管轄之地？

孫：等到周公討管蔡之亂之時，才命其子伯禽就食於魯，帶兵就近討伐淮夷、徐戎；同時封太公望的兒子丁公於齊，要他們兩人鎮攝東方的邊區，以固疆域。

記：齊魯之所以為兄弟之邦，其原因即在於此。

孫：由於周朝前後兩任首相，其後人分別被封於齊、魯兩地。齊、魯雖偏處濱海之地，非政治中心（政治中心在洛邑、鎬京），卻不折不扣的是個學術文化中心。

記：就像目前的臺灣，偏處海隅，雖不是政治中心（政治中心在北京、在西安），但卻可能成為亞太營運中心、金融中心、資訊中心、漢語中心……，「事在人為」，有為者亦若是！

孫：自封倒還可以！不是喊爽過足了癮頭，總還得求其名至實歸，得到全球認同方可。

記：由於齊魯是當時的學術文化中心，自然產生出一大票的「知識的販賣者」。

孫：這就是「士」的起源。

記：士、農、工、商，乃四民之首。

孫：士又有文士、武士之分。

記：執干戈以衛社稷的士，是武士；「士無故不撤琴瑟」的是文士。

孫：後來有人將之分類歸納：「士」專指文士，至於武士就倒過來稱「干」。

記：古代革車一「乘」，包括步卒七十二人，甲士三人，馬四匹……。

孫：這步卒是徵調來的，有如現今的義務役與替代役，這甲士乃專門從事戰鬥，以當兵為職業的人，屬於志願役。

記：有如現代的「士官長」制度。

孫：齊宣王時代（公元前三四二至四二三年）在齊首都臨淄門外的「稷下」，大張旗鼓的搞學術文化中心，召募各國之游士、學人至齊，稱為「稷下先生」，計有千人之多。

記：當時有多熱鬧。

孫：「臨淄七萬戶，其民無不吹竽鼓瑟，擊筑彈琴，鬥雞走犬，六博蹋踘，臨淄之途，車轂擊，人肩摩，連袵成帷，舉袂成幕，渾汗成雨，家敦而富，志高而揚……。」

記：上行下效的結果，「當是時魏有信陵，楚有春申，趙有平原，齊有孟嘗等四大公子……；連秦呂不韋亦招致士，厚遇之，至食客三千人。」（《史記·呂不韋列傳》）。

孫：這些不能稱為「士」，只能稱「客」！

記：像范睢那樣說兵事於秦王，遂成為客卿！

孫：而那些被招待在賓館內，吃閒飯的，便稱之為「食客」。

記：儘管王安石說那些只是「雞鳴狗盜之雄耳，不足以言得士」。

孫：當時知名之士，如慎到、彭蒙、田駢、接予、環淵、騶衍、騶奭、淳于髡、宋鈃……等被稱為「稷下先生」。

記：聽說蘇秦、張儀、荀子等也都到齊遊過學。

孫：荀卿曾三任祭酒。

記：意即擔任過三任相當於現今「中央研究院院長」之職。

孫：像極了一場學術文化大拜拜。

記：其盛況之空前，有如現今政府的大手筆、「大放送」一般。為了贏得選票，不管你是二專、三專、五專，一律開放「教育學分班」，並分別晉級為大學，「學」光普照，高達一百八十餘所……。

孫：學術名器，總不能這樣胡搞、亂搞嘛！

記：人頭多的改「綜合大學」，人頭少的改「技術學院」，科系少的就叫「科技大學」，總之，人人有獎，皆大歡喜就是了。

孫：這樣遲早會出亂子的！

記：可不是嗎！遂至產生六、七萬的「流浪教師」。

孫：什麼叫流浪教師？他們是無家可歸，無殼蝸牛嗎？

記：他們是無書可教，無校可歸的合格中小學教師！

孫：那大學院校應該好一點才對！

記：警察隨手捉個小偷、強盜什麼的，都有碩士、博士、講師、助理教授的title。

孫：是學術掛帥？臺灣第一？還是碩、博士混不了飯吃，淪落到雞鳴狗盜之輩？

記：要不是我能塗塗抹抹、剪剪貼貼的混口飯吃，我早就……。

孫：你也想去偷去盜？

記：我想衝進凱德格蘭大道的紅樓，搶那個大位子。

三、家世淵源

孫：我是齊國人。

記：齊國？那是姜太公受封之地，要不姓姜就姓呂？怎麼會有孫姓呢？

孫：話說武王伐紂，統一天下後，封其兄弟之國者十五人；姬姓之國者四十人；外戚之國有申、齊、呂、許等國。

記：那些先聖先王有德者呢？

孫：封神農之後於焦；黃帝之後於祝；帝堯之後於薊；帝舜之後於陳；大禹之後於杞；紂之子武庚於殷。

記：看樣子文武乃是有德之君，雖滅人國，但不絕其後，可歌可頌。

孫：有陳完諡敬仲者，鑒於陳宣公十一年殺太子禦寇，因禦寇與陳完相愛，恐延禍及己，遂奔齊。齊桓公任以「工正」之官，並給以封邑，始食采地於田，號為田氏（陳、田二字古音相近）。

記：難怪臺語的陳、田很難讀得清楚。

孫：這田完（原叫陳完）五傳到田乞，再五傳到田和是為田齊太公。

記：那原先的齊國桓公呢？

孫：歷齊景公、悼公、簡公、平公再二傳到康公，被田和趕到海濱一個小城邑，奉其宗祀而已。

記：換句話說，田和喧賓奪主於周安王十六年（西元前三八六）正式被封為諸侯，從此「田齊」代替了原先的「姜齊」。這就是史稱「田氏篡齊」了。

孫：我的祖先為田氏之後，在齊景公時，因祖父率兵伐莒有功，被賜姓孫。周景王三年（西元前五四二年），因田鮑「四族之亂」，舉家離開齊國，移民吳國。

記：據史載，您也可算是吳國人。

孫：當然，說我是「新吳國人」，也未嘗不可！

記：就像我現在也是「新臺灣人」了。

孫：那你可不可以選總統啊？

記：根據「拔拉蓮霧黨」的「臺生條例」，恐怕不行吧！

孫：有為者亦若是，何必幹那「鼻屎大」的臺灣總統，要幹就幹大中國的總統。

記：您們在吳國過的雖是田園平民生活，但也絕不會忘了您們的家傳之學——兵學。

孫：西元前五一二年，吳王闔閭，野心勃勃的在三敗楚國之餘，竟然起了併吞楚國的意圖。

記：吳，小國也，楚乃春秋五霸、戰國七雄之泱泱大國，他不怕人心不足造成蛇吞象的局面？

孫：於是，他急於物色乙員精通文韜武略的將才，以擔當大任。

記：最後他怎麼找到您的？

孫：在我的好友伍子胥強力的推薦下，前去見吳王闔閭……。

記：伍子胥名伍員，乃楚國人，您怎麼會認識他？他又為什麼要把您推薦給吳王？

孫：伍奢、伍尚、伍員父子三人，有文韜武略，輔佐楚平王太子建而有名聲，但因楚平王娶兒媳婦孟嬴（秦哀公之妹）的醜聞……。

記：原先孟嬴是娶來給太子做媳婦的，結果平王垂涎美色而納為已有，於是引起平王父子之間的矛盾，殃及伍奢、伍尚父子被殺……。

孫：伍員逃到吳國，幫闔閭奪得王位有功，也一心想報楚之大仇，四處物色人才，招兵買馬。

四、殿前操練，一鳴驚人

孫：我帶了我的《孫子兵法》，外加 power point 在吳王面前「秀」給他看！

記：他看了後很滿意？

孫：他看了後大加讚賞，並問我能否當場演練一下？

記：真金不怕火煉，當然可以！以現有的禁衛軍操演？

孫：他挑了一百八十名的妃子和宮女讓我操練！

記：孔子說過：「唯女子與小人之為難養也，近之則不遜，遠之則怨。」要如何操練？何況又是國王的愛妃？您得罪得起嗎？

孫：我把宮女分成兩隊，讓闔閭的兩位寵姬分別擔任兩隊隊長，命令每個人拿一支戟，在吳王面前進行「連」基本教練。

記：操些什麼呢？

孫：不外立正、稍息、向右看齊、報數、肩槍、槍放下……等動作。

記：她們可做得很好？

孫：這群吳儂軟語、輕歌曼舞的娃娃們，哪裡聽過這種陣仗，於是笑的笑，嗲的嗲，亂七八糟的，看得連吳王都搖頭不已。

記：那您怎麼辦？面子全失，臉上怎麼掛得住？

孫：我只好再一次的嚴厲約束，並強調「軍令如山，軍紀似鐵」的鐵則；接著，我親自擊鼓，發號施令……。

記：結果呢？

孫：仍然把我的命令當兒戲，嘻笑個不停！「射人先射馬，擒賊先擒王」，我下令將兩隊隊長斬首。

記：您把吳王最漂亮、最心愛的妃子問斬，那吳王豈會答應？

孫：吳王急忙派人下來阻止說：「我已經知道將軍善於用兵了，但這兩個美人可千萬殺不得呀！」但我以「將在軍，君命有所不受」為由，拒絕了吳王的說情，立斬之。

記：您不怕得罪吳王，他把您也殺了？

孫：到了第三次操練時，宮女們無不聚精會神、屏氣靜性按號令的坐、作、進、退，一點差錯都沒有。

記：吳王深受感動，立即任命您為大將軍？

孫：吳王無可奈何的歎了口氣說：「你下去休息吧！我可不願再看到這樣的流血操練！」

記：那您只好摸著鼻子，回家吃老米飯了！

孫：我可不這樣就認輸，我對著吳王高聲說：「原來大王只把我的兵法當小說般的欣賞而已，並不想讓我發揮領兵作戰的專長。」

記：您就這樣在伍子胥的建議下，拜為上將，指揮了歷史上有名的吳楚爭霸戰：「西破強楚，入郢，北威齊晉，顯名諸侯，孫子有力焉！」

運籌於帷幄之中　決勝於千里之外

～與孫子論兵法～

我國歷史，文有儒聖——孔子；武有兵聖——孫子。由於傳統的重文輕武觀念，對於孔子及其門人的經典——《四書》、《五經》，全體華夏民族，上自天子下至庶民，莫不抱之、啃之，並作為考試晉身，為官作宰的敲門磚，可說發揚擅場到了極致；相形之下，對於《孫子十三篇》可就沒有那麼熱衷。這是否導致中國歷史積弱不振，屢屢亡國的原因，還好我們有部「格物、致知、誠意、正心、修身、齊家、治國、平天下」的救亡儒典，以資復興，設若我們能兩兼其實，中國歷史，是否更加輝煌？

反觀外人，對孫子兵法之積極研究，計有西夏、滿州文之讀本，這正是他們「以其人之道，還治其人之身」，喧賓奪主地先後入主中國多次。早在八世紀時，《孫子》傳到日本，日本人也曾「以子之矛攻子之盾」的方式，蹂躪中國歷史一番；至於十八世紀以後的英、德、法、俄、意、捷克和希伯來（猶太）文之出現，不正代表了近世中外國勢消長的溫度計。

《國文天地》的記者，特為此專訪孫武子，一探《孫子十三篇》的堂奧。

一、泛論十三篇

記：先前讀過《老子》，最近心血來潮，用心讀《孫子》。可能是資質的關係，讀了多遍之後，還是「霧煞煞」；孫將軍，可否借這個難得的機會，為我「開示」一二？

孫：《孫子兵法》又叫《孫子十三篇》是我在西元前五一八到五一二，六年之間的作品。

記：可否說一下寫這部書的動機？

孫：我是現今山東省的齊國人，我的祖父田書公曾幫齊景公率兵征伐莒國有功；采食於樂安（今山東惠民縣）並賜孫氏為姓。

記：齊景公為表達他的謝意，讓你祖父分門立戶與之分庭抗禮，以示尊重？

孫：這是自古以來，封建制度下的必然產物。我們孫家雖然從此別立門戶；但我父孫憑先生，仍然任齊之「卿」。

記：就像周公旦被封於魯，仍然任職周朝宰相一般。

孫：事實就是這樣的；但我們豈敢與周公父子共比高。

記：祖為名將，父是重臣。顯貴的門庭，至少使您少奮鬥二十年。

孫：不幸的是，由於田穰苴（即司馬穰苴）得景公之寵而發跡，引起另三家大夫鮑氏、高氏、國氏之鬥爭，造成齊國內亂。

記：這跟您孫氏之後沒關係啊！

孫：別忘了我祖父孫書原姓田叫田書。再向上推田完敬仲公，乃田書之高祖……。

記：總之，齊田氏的開創者陳完敬仲公（後改姓田，因為「陳」、「田」同韻）是您的The greatest grand father就是了。這田鮑之亂，城門失火，免不了殃及池魚。

孫：孔丘兄不是說過：「危邦不入，亂邦不居。」(《論語·泰伯第八》) 的名言嗎？

記：險惡的局勢，就如同現今的藍、綠、黑、橘四大政黨，死纏惡鬥般的危險，「漩」哦！還不趕快辦理移民美、加、澳、紐……。

孫：我們決定全家移民至南方的吳國。

記：吳乃蠻荒之地，您去那兒有「用武」之地嗎？

孫：考春秋三百年間，諸侯爭霸之戰、列國兼併之役，以及華夏與戎狄之間，所引發的大小征伐戰爭，不下四百八十次之多。戰到昏天黑地，已成強弩之末，不可以穿縞素的局面；而南方吳楚、吳越之爭，正方興未艾，相形之下比較有「投路」。

記：那您如何踏出創業的第一步？

孫：先在姑蘇城外找塊荒地墾殖，過著田園移民生活，取得居留「綠卡」以資餬口。這時楚國亡將伍子胥亦避亂隱居此間。由於彼此興趣相投、背景相似，自然而然，結為好友至交。

記：那時節您過著晴耕雨讀（兵法）的日子，在六年之間完成了《孫子十三篇》。

孫：伍子胥為公子光（即後來奪取王位成功之闔閭）效力，有意伐楚報家仇，三番五次的把我推薦給吳王。

記：最後吳王接受了？

孫：我隨身帶著《孫子十三篇》去謁見吳王。

記：班固在《漢書·藝文志》中，把古代兵書分為四大類：包括權謀、形勢、陰陽、技巧等四學。

孫：亦即戰略、戰術、戰法、戰技之統稱。《十三篇》是以戰略（戰爭哲學）為主。

記：當然亦兼及形勢、陰陽和技巧等理論。

孫：十三篇中的前六篇：〈始計〉、〈作戰〉、〈謀攻〉、〈軍形〉、〈兵勢〉、〈虛實〉可歸納為一組，乃是論列戰爭哲學、戰爭理論、戰略問題……。

記：另〈軍事〉、〈九變〉、〈行軍〉、〈地形〉、〈九地〉等五篇，論的是戰術、戰法。

孫：至於〈火攻〉、〈用間〉兩篇，則是戰技的運用。

記：這本《孫子兵法》是否有其基本原則？

孫：當然有啊！一是計畫原則；二是先知原則；三是自然原則；四是求全原則；五是忠於事原則；六是求己原則；七是主動原則；八是迅速原則；九是秘密原則；十是變化原則；十一獎賞原則。

二、計畫原則

記：〈始計篇〉為何擺第一？

孫：為全文之首，故曰「始」；在於說明戰爭前的各項前置作業，故曰「計」。

記：此即《大學》「凡事豫則立，不豫則廢」之道。

孫：其實一場戰爭之勝負，往往取決於戰爭前的各項準備工作。籌劃周密，則取勝的公算大；籌劃草率，則取勝的公算小；毫無籌劃，邊打邊應付，則難逃敗亡命運。

記：開工廠、開店作生意，亦復如此。

孫：此即「商場如戰場」；推而論之，情場、考場、選戰……亦莫不如此。

記：那麼這籌劃的先決條件為何？

孫：「夫未戰而廟算勝者，得算多也；未戰而廟算不勝者，得算少也。多算勝，少算不勝，而況於無算乎？吾以此觀之，負見矣！」（〈始計篇〉）

記：說得具體一點好嗎？

孫：「一曰度，一曰量，三曰數，四曰稱，五曰勝；地生度，度生量，量生數，數生稱，稱生勝。」（〈軍形篇〉）

記：地形的丈量，對武器的估算，對戰鬥員人數的掌握，雙方總體實力的比較，才得出勝負成敗的公約數。

三、先知原則

記：什麼叫先知原則？是否要知道自己能吃幾碗飯？

孫：也就是說在開戰之前，知道彼此雙方的各種情況，以及策劃方案，行動計畫，方可取勝。

記：「知彼知己，百戰不殆；不知彼而知己，一勝一負；不知彼，不知己，每戰必殆。」（〈謀攻篇〉）

孫：進一步的要做到：「知彼知己，勝乃不殆；知天知地，勝乃可全。」(〈地形篇〉)

記：「知」的具體步驟如何？

孫：五事七計。

記：是那五事？

孫：曰道、曰天、曰地、曰將、曰法。

記：這是內在的主觀條件；何者又是七計？

孫：配合前述五事，細論：主孰有道？將孰有能？天地孰得？法令孰行？兵法孰強？士卒孰練？賞罰孰明？

記：這是外在的客觀條件。又老子為什麼說：「以正治國，以奇用兵」(《道德經‧第五十七章》) 呢？

孫：遇敵：實而備之，強而避之，怒而撓之，卑而驕之，佚而勞之，親而離之；攻其無備，出其不意……。(〈始計篇〉)

記：這似乎與老子的：「將欲歙之，必固張之；將欲弱之，必固強之；將欲廢之，必固興之；將欲奪之，必固與之。」(《道德經‧第三十六章》) 有著異曲同工之效。

孫：反向操作，兩者之間，互為發明就是了。

記：這「知己」還算容易，只要頭腦保持清晰、清靜即可；至於這「知彼」要如何做到？

孫：那就要用間了。

記：何謂用間？又如何用間？

孫：「明君賢將，所以動而勝人，成功出於眾者，先知也。」(〈用間篇〉)。

記：未卜先知可以嗎？

孫：「先知者，不可取於鬼神，不可象於事，不可驗於度；必取於人，知敵之情者也。」(〈用間篇〉)

記：有人願意從事這種危險的事嗎？

孫：俗語說的好：「賠錢的生意沒人做，殺頭的生意有人做。」這叫「重賞之下，必有勇夫」！

記：間有幾種？

孫：有因間、有內間、有反間、有死間、有生間等五種。

記：大凡間諜戰能主動掌握，勝利左券就在握了。

四、自然原則

孫：戰爭及戰鬥，須合於「道」(順乎天，合乎地，應乎人情)，方有勝利的可能，且易於勝利，反對人為或勉強的人造戰爭。

記：以您在〈軍形篇〉說：「古之所謂善戰者，勝於易勝者也。故善戰者之勝也，無智名，無勇功。……勝者之戰，若決積水於千仞之谿者，形也。」

孫：「夫兵形象水，水之形，避高而趨下；兵之形；避實而擊虛。(〈虛實篇〉)

記：總之，您不主張拚死、拚活的打硬戰就是了。

孫：〈九地篇〉中有散地、輕地、爭地、交地、衢地、重地、泛地、圍地及死地等九種，只有在身處「死地」時，才拚死一戰。

五、求全原則

記：為什麼說：「兵者，國之大事，死生之地，存亡之道」呢？有這麼嚴重嗎？

孫：戰事一旦爆發，即不可收拾。

記：為什麼？

孫：除了全國上下，物力、人力的總動員外；由於戰爭規模之擴大，深入敵境，遠離後方，猶如孤軍入異域，給養、裝備難以為繼；此時若不能速戰速決，曠費時日之際必然國弊民窮。

記：像二次世界大戰，德、義、日三國的結局，導致無條件投降而國破家亡。

孫：戰勝國也好不到哪裡去！

記：像中國之「慘勝」、法國的「廢勝」（變成廢墟）、英國之「破勝」（大英國協破局）、俄國之敗勝（一敗塗地之後的勝利）；只有美國發了個戰爭財，成為首屈一指的「獨勝」。

孫：所以，用兵之法，全國為上；不戰而屈人之兵，乃戰爭哲學的最高境界。

記：戰爭亦即國防，這兩字應如何下定義？

孫：廣義的戰爭，應包括：上焉者謀略戰、心理戰、商業戰；次焉者外交戰、政治戰；再次者運動戰、田野戰；下焉者攻城戰、街頭白刃戰。

記：從兵學眼光看，今日臺海兩岸的對峙，是一種什麼樣的戰爭？是伐謀？伐交？伐兵？攻城之戰？

孫：兩岸有如大巨人與小侏儒之比，如何戰？

記：那對岸為什麼設置了五百七十餘枚的飛彈，對準了臺灣？

孫：中共打臺灣需要用飛彈？我從來沒聽過。胡錦濤只消打個噴嚏，這邊就雨濛濛下個不停，接著就土石流泛濫成災了。而且長程飛彈、洲際飛彈可以遠射三千、五千公里外的目標……；而臺灣一水之隔，只一百多公里，殺雞焉用牛刀？

記：這下我知道他們要打誰了！

孫：佛曰：不可說，不可說！

記：那我們跟他們打外交戰怎麼樣？

孫：人家的邦交國有一百五、六十個，你們有幾個？

記：最近我們收買了一個只有一萬二千人的諾魯共和國，外加二千人的梵蒂岡教廷國，總共只有二十六國。

孫：盡是一些「黑人俱樂部」與「格列佛小人安親班」，鼻屎大的國家，還敢跟人家嗆聲。

記：那我們跟他們打「經濟戰」如何？別忘了，我們曾是亞洲四小龍耶！

孫：人家現在是「亞洲巨象」，臺商每年從大陸投資，淨賺美金四百億美元的出超，以資補貼對美、對日的貿易逆差。

記：我們對美貿易逆差全在軍購上。

孫：那些武器能用嗎？敢用嗎？

記：每年來幾個「漢光演習」，像大拜拜似的，放個煙火就是了。

孫：除了自欺欺人之外，就是官員、立委諸公大賺回扣之時機。

記：照您這麼說，臺灣只有舉手投降的份兒！

孫：如果不想投降就得聽聽老子李耳先生的加持……。

記：老子怎麼說的？

孫：「大國以下小國，則取小國；小國以下大國，則取大國……大國不過欲兼畜人，小國不過欲入事人。夫兩者各得所欲……。」

記：換句話說Taiwan, China，中共要的是面子；臺灣最需要的是裡子。

孫：這下可好，有天惹毛了「人民解放軍」。裡子、面子兩失，總統可乘「空軍一號」到美國、到諾魯去做寓公？

記：那我們普通老百姓呢？

孫：可以到美國AIT去排隊啊！就跟當年越南共和國的結局一樣。

記：我得趕快存點錢去買隻「機動膠筏」……。

孫：幹嘛？

記：從事「南島之旅」的大流亡啊！反正臺灣四面臨海，「時搞時登沒米煮番薯湯」到菲律賓、到馬來西亞、到印尼、到越南都可以，這些年娶了許多「外娘」，他們總不能不認這門親戚吧！

六、忠於事原則

記：智、信、仁、勇、嚴乃軍人武德，為什麼沒有忠德？

孫：其中的勇，就是勇於任事，亦即包含「忠」了。

記：您主張忠於事，而不必忠於人。

孫：答對了！

記：綜觀一部中國戰爭史，總是強調攻城之戰、白刃之戰，實在慘不忍睹……。

孫：是嗎？

記：像〈張中丞傳後敘〉、〈閻典史傳〉、〈梅花嶺記〉、〈復多爾袞書〉……莫不堅持打到「羅掘俱窮」、「殺妻食奴」的地步，強調戰到最後一兵一卒「寧為玉碎，不為瓦全」的境界。

孫：這是那門子的忠烈啊。

記：所以您強調軍人之武（五）德為智、信、仁、勇、嚴；而不強調「忠」的原因。

孫：戰爭就是爭生存、爭生命、爭人性；必須以最小的代價贏得最大的戰果。這乃是「戰爭經濟學」的最高準則；至於末世帝王之說「忠」教「死」，那都是把自己的幸福建築在他人的痛苦之上。

記：「勝利誠可貴，老命更要緊。」雖在慘烈的戰鬥中，但亦必須尊重生命、尊重人性、重視人權。

孫：所以兵者「死生之地，存亡之道」也！

記：怎麼說？

孫：將能，則兵勝而生；兵生於外，則國存於內。將不能，則兵敗而死；兵死於外，則國亡於內。

記：民國史上有位無能的五星上將，因為他無能，每每在戰前就諄諄告誡將士們：「我死則國生，我生則國死。」

孫：結果，大家死光了，只有他獨存。

記：他跑到重慶躲在山洞裡獨存；他跑到海島陽明上獨存；還口口聲聲說要反攻大陸帶我們回故鄉。

孫：等他撒手不管，死了一了百了，你們就陷入「三不政策」進退兩難的境地。

記：說的也是！我現在變成豬八戒照鏡子，裡外不是人的窘狀。

孫：怎麼說？

記：儘管我在臺灣住了超過半個世紀，而且說得一口流利的河洛語，甚至娶了臺灣妻子，但他們仍然說我是「外省郎」；當我回到大陸時，大陸人又喊我「呆胞」——臺胞！你的外號叫呆胞。

孫：誰叫你在當年不能回大陸的時候，成天喊著：「反攻，反攻，反攻大陸去；大陸是我們的國土，大陸是我們的家鄉……」；到如今可以回大陸，你卻還賴在臺灣不走！

記：「等於是有家歸不得啊！」我的親戚、我的朋友、我的同學……，我的一切一切都在臺灣。臺灣才是我的家；至於大陸……浙江……杭州……紹興……只是我虛擬的家，是我夢幻的家。

孫：這真是一場悲劇，一個時代的變調曲；還有，你現在是什麼國籍？

記：當年在聯合國，既不接受「一中一臺」的安排，如今我們既不是中國，也不是臺灣國；至於「中華民國」早已名存實亡，甚至連自己都窩裡反，不承認。

孫：這個歷史該怎麼延續，讓歷史學家去頭疼罷！

七、求己原則

孫：戰爭的勝敗關鍵，全在自身，而不在彼方，自己先立於不敗之地，然後方能進而取勝。

記：所以說：「昔之善戰者，先為不可勝，以待敵之可勝，不可勝在己，可勝在敵。」(〈軍形篇〉)

孫：「故用兵之法，無恃其不來，恃吾有以待之；無恃其不攻，恃吾有所不可攻也。」(〈九變篇〉)

記：「是故不爭天下之交，不養天下之權，信己之私，威加於敵，故其城可拔，其國可隳。」(〈九地篇〉)

孫：「故善戰者，立於不敗之地，而不失敵之敗也。是故勝兵先勝，而後求戰，敗兵先戰，而後求勝。」(〈軍形篇〉)

記：像項羽大小七十二戰，戰無不勝，最後卻在烏江邊自刎，竟然說：「此天亡我也，非戰之罪！」

孫：真可說是死得不明不白。

八、主動原則

孫：「守則不足，攻則有餘。」(〈軍形篇〉)

記：這是「攻擊乃是最佳防禦」的最佳註腳。

孫：亦即我必須掌握戰場的支配權。

記：所以說：「凡先處戰地，而待敵者佚；後處戰地，而趨戰者勞。故善戰者，致人而不致於人。」(〈虛實篇〉)

孫：還要反向、逆敵操作。

記：如何反？如何逆？

孫：「敵佚能勞之，飽能饑之，安能動之。」(〈虛實篇〉)使之不勝其擾就是了。

記：「故善動敵者。形之，敵必從之；予之，敵必取之。」(〈兵勢篇〉)

孫：總之：「我欲戰，敵雖高壘深溝，不得不與我戰者，攻其所必救也；我不欲戰，畫地而守之，敵不得與我戰者，乖其所之也。」(〈虛實篇〉)

九、迅速原則

孫：我主張「不戰而屈人之兵，善之善者也。」(〈謀攻篇〉)即或不得已而戰，則以速戰速勝，把戰事結束得越快越好；不然，像拖死狗似的成為長期持久戰，這不只是生命、財產、經濟的浩大犧牲……。

記：進而動搖國本，陷國家、民族於萬劫不復的地步。

孫：更容易造成諸侯之間的漁翁得利。

記：八年的長期抗戰，內則國破家亡，外則蘇聯漁翁得利……。

孫：在「兵法」上，這是歷史上最蹩腳的一場戰爭——既不知彼，也不知己，每戰必敗。

記：敵人大軍壓境，總不能不戰而屈之於人！

孫：戰、守、和、走、降、死六大法則，都是作戰方式，明知不能戰，不可戰，卻非戰不可，豈不自尋死路！

記：什麼叫六大法則？

孫：能戰有戰勝之把握就戰，不然就守，不能守就和談；和談不成，主帥剩下走、降、死的三條路。

記：這麼說來，張學良將軍當年發動「兵諫」逼迫蔣先生「抗戰救國」是錯誤的！

孫：豈只錯誤，簡直是不知天高地厚，正應了那句「嘴上無毛，做事不牢」的讖語。

記：年方二十六歲，在父蔭下就任「第三方面軍上將軍團長」的「張少帥」，簡直是開歷史的玩笑嘛！

孫：說的也是，君不見「主不可怒而興師，將不可以慍而致戰」(〈火攻篇〉)，「將不勝其忿而蟻附之，殺士三分之一」(〈謀攻篇〉)。

記：他怎麼可以因為學生的遊行示威，而仗「義」犯上。

孫：老蔣也不對，明知不可戰，卻在「抗戰八大宣言」默示而不簽字。兵法有云：「進不求名，退不避罪，唯民是保而利合於主。」(〈地形篇〉) 他一心求令名於史，卻落得個惡名。

記：所以老子才說：「道可道，非常道；名可名，非常名……。」(〈道德經‧第一章〉)，那麼老蔣應該怎麼做？

孫：從九一八起既然已忍了四年，何妨再忍四年？像蘇聯那樣與日本簽訂「日蘇互不侵犯條約」，「時搞時登，無米煮番薯湯」，等日本成為強弩之末，才對日宣戰，進兵東北，獲取最大的勝利戰果。

記：既已開戰，是否就要堅持抗戰到底，戰到「最後一兵一卒」？

孫：那是武夫之見，犯了兵法上「必死可殺」(〈九變篇〉)之危。當然還可以講和，何況講和是日方提出的。

記：這麼說來，您對汪精衛先生的響應日本求和，成立南京中央政府並不苛責。

孫：有時人在江湖不得不爾。

記：二次大戰時法國總統貝當元帥在巴黎圍城之際，與德國單獨訂立「停戰協定」，一樣的無可厚非，不損法國日後成為戰勝國的乙員。

孫：這叫識時務為俊傑也！所以我強調：「其用戰也，貴勝，久則鈍兵挫銳，攻城則力屈，久暴師則國用不足。夫鈍兵挫銳，屈力殫貨，則諸侯乘其弊而起；雖有智者，不能善其後矣。」(〈作戰篇〉)

記：「兵之情主速，乘人之不及，由不虞之道，攻其所不戒也。」(〈九地篇〉)

孫：所以說：「其疾如風，侵掠如火。」(〈軍爭篇〉)「速戰速決，靜如處子，動如脫兔，敵不及拒。」(〈九地篇〉)

十、秘密原則

孫：所謂「秘密原則」，即凡作戰計畫、軍事行動以及一切後勤措施，不為敵人所探知；進一步的還要盡量察知敵方作戰意圖、作戰方略，以達知彼知己，百戰不殆之效。

記：所以您強調：「攻其無備，出其不意，此兵家之勝，不可先傳也。」（〈始計篇〉）

孫：更要「出其所不趨，趨其所不意。……故吾之所與戰者不可知。」（〈虛實篇〉）

記：秘密到神出鬼沒之境。

孫：「形兵之極，至於無形，無形則深間不能窺，智者不能謀。因形而錯勝於眾，眾不能知，人皆知吾所以勝之形，而莫知我所以制勝之形。」（〈虛實篇〉）

記：在〈九地篇〉說：「易其事，革其謀，使人無識；易其居，迂其途，使人不得慮。」（〈九地篇〉）

孫：要確實達到知彼工夫，必須「用間」。

記：像詹姆士・龐德主演007那樣的神勇。

孫：間有因間、內間、反間、死間、生間，五者相互為用。

記：統帥與「間」的關係若何？

孫：「三軍之親，莫親於間，賞莫厚於間，事莫密於間；間事未發，而先聞者，間與所告者皆死！」（〈用間篇〉）

記：這麼說來「非聖智不能用間，非仁義不能使間，非微妙不能得間之實。」（〈用間篇〉）

十一、變化原則

記：《孫子十三篇》不愧為武經寶典，只要我們能切實遵從，身體力行，一定可以打勝仗的。

孫：那倒不見得，有時候「盡信書，不如無書。」必須因時、因地、因敵而活用，不可拘泥於一端，而致食古不化。

記：何以說？

孫：「凡戰者，以正合，以奇勝⋯⋯。」(〈兵勢篇〉)

記：這「奇」即變化原則。

孫：「善出奇者，無窮如天地，不竭如江海；終而復始，日月是也；死而復生，四時也⋯⋯。」(〈兵勢篇〉)

記：雖在「變」中，仍有其不變之理。

孫：「聲不過五，五聲之變，不可勝聽也；色不過五，五色之變，不可勝觀也；味不過五，五味之變，不可勝嘗也；戰勢不過奇正，奇正之變，不可勝窮也。」(〈兵勢篇〉)

記：有道是「奇正相生，如循環之無端，孰能窮之？」(〈兵勢篇〉)。有人說兵勢如水勢，兵者至強、至堅也；水者天下之至柔，他們之間有何關係？

孫：「水因地而制流，兵因敵而制勝。故兵無常勢，水無常形，能因敵變化而取勝者，謂之神。」(〈虛實篇〉)

記：就像「五行無常勝，四時無常位，日有短長，月有死生」(〈兵勢篇〉) 一樣。

孫：「故用兵之法，高陵勿向，背丘勿逆，佯北勿從，銳卒勿攻，餌兵勿食，歸師勿遏，圍師必闕，窮寇勿迫（〈軍爭篇〉）

記：您在兵法中強調用兵之法，不但要學水之至柔：無形、無狀，隨物而行，隨器成形，可行則行，可止則止，無不動靜自如；還要學水之不爭，甘居卑下，不違天時，不逆人事……。

孫：我很高興，有人讀《孫子十三篇》，讀得這麼有心得，我願意收你做徒弟……。

記：這是我的讀《老》心得（第八章，如水之柔）而不是讀《孫》心得……。

孫：是嗎？

記：我懷疑您這《孫子十三篇》是《老子八十一章》的仿冒品；不然怎麼會這麼像，簡直是「異曲同工」嘛！

孫：我跟他幾乎是同一時期的人，未出版發行，如何「抄襲」？

記：不然，這兩本書，是同一個作者或作者群？

孫：民主時代嘛！你有發表己見的權利，我可沒有贊同的義務？

記：好罷！讓我們言歸正傳，不談這些題外話。

十二、獎賞原則

孫：讓我們談談最後一個獎賞原則，也就是利動原則。

記：儒家喜談仁義，孟子首次出師，梁惠王劈頭就問：「叟不遠千里而來，亦將有利於國乎？」孟子回說：「王何必曰利，唯有仁義而已矣！」你們兵家是否也說仁道義的？

孫：仁義乃是做人的基調，即使興兵作戰，號稱「仁義之師」；用兵之道，要順天應人，誅凶剿惡，強調冬夏不興師，可以兼愛吾民。用兵之法，亦不外「全國為上，破國次之；全軍為上，破軍次之……。」(〈謀攻篇〉)

記：那豈不坐失作戰之誘因。

孫：我主張「合於利而動，不合於利而止。」(〈九地篇〉)

記：這關係於人民的生死與家國的存亡。

孫：因而非利不動，非得不用，非危不戰；一再地強調「主不可以怒而興師，將不可以慍而致戰，合於利而動，不合於利而止。」(〈火攻篇〉)

記：十足的「見利而後戰」！

孫：「取敵之利者，貨也；車戰，得車十乘以上，賞其先得者。」(〈作戰篇〉)，進一步的要「掠鄉分眾，廓地分利」(〈軍爭篇〉)，而且要「施無法之賞」(〈九地篇〉)。

記：這是以利得來鼓舞士氣！

孫：從敵人手中搶來的東西，為何不能大大方方的賞賜下屬，以增添我方人力、物力，收為已用。

記：從楚漢相爭看：劉邦待人十分侮慢，不及項羽的寬仁；但劉邦使人攻城掠地，每得一城，即作為封賞，能與天下共利，所以人人效命，因而得有天下。

孫：劉邦懂得慷他人之慨，那麼項羽呢？

記：項羽自以為天縱英明，妒賢忌能，多疑好猜，戰勝不賞功，得地不分利，人心懈怠，最後失天下。所以說：「百戰百勝，非善之善者也，不戰而屈人之兵，善之善者也。」(〈謀攻篇〉)

孫：另外，對敵人也應誘之以利。

記：怎麼說？

孫：「利而誘之」(〈始計篇〉)，「以利動之，以卒待之」(〈兵勢篇〉)，進一步的要「役諸侯者以業，趨諸侯者以利」(〈九變篇〉)，最後「能使敵人自至者，利之也。」(〈虛實篇〉)

記：噢！這下我知道了，我全盤瞭解了，為什麼我們向法國購買的二代艦，是以色列購買的三倍價錢；先前以天價向荷蘭購買二艘「海龍」、「海獅」迷你玩具潛艇。

孫：你又發現了什麼蹊蹺？你又不是「柒周刊」或是「芭樂」日報，專門挖人隱私的記者。

記：那兩倍的差價原是高額的「公關費」。

孫：在國際間購買新式武器，乃是國家最高機密，怎麼還有「公」開的「關」說費用？

記：軍購預算在我國立法院審查時，要不要拿錢「塞」立委的嘴——尤其反對黨立委的嘴？

孫：當然要！否則他們會以「看守人民的荷包」為己任，投票反對到底，如果反對黨占多數席時，所費更是不貲。普天之下有沒有那種不要錢的立委？

記：當然有啊！那麼送支十六萬元的「胖胖筆」也可以換得

棄權；至於女立委，那麼LV皮包、SK2……總是免不了的。

孫：這還是有限的！

記：美國政府和美國參眾兩院的國會議員要不要打點、打點！

孫：兩國之間的武器交易，關第三國屁事，李扁父子倆不是每天都在喊：「臺灣是個主權獨立的國家」。

記：臺灣的軍購向來是美帝國的禁臠——根據「臺灣關係法」，楊旁豈容他人酣睡。

孫：美國軍購早已採購額滿，臺灣當然只好他求。

記：要想人「噤口」，也只有錢最有效！

孫：那是當然的了。

記：還有武器輸出國——法、荷諸國的國會議員，也要送紅包。

孫：向人買東西，還要送人紅包，聞所未聞，見所未見！

記：不然對方國會的在野黨也會在國會殿堂上嚷嚷一番，讓你買不成的。

孫：我真是少見多怪啊！

記：還有呢！更要送紅包給中共的外交部和國防部。

孫：我買現代化的新式武器，是要摧毀敵人——打擊共「匪」，怎麼還要拿去「疏通」敵人呢！

記：只要共產黨一叫「臺灣購武破壞海峽兩岸軍備均勢」。你就功虧一簣了！還有臺灣有家最大的律師事務所叫「李理律師事務所」……。

孫：莫非是兩個姓李的股東合開的——李姓出於古理官。

記：誰開的不重要；他們是武購、武獲，亦即武器買賣的仲介律師事務所。他們公司每年所繳交給國家的「營業所得稅」，年年得第一，還受到財政部的獎勵呢！

孫：這也是臺灣奇蹟之一？

記：6100億×5%（佣金）＝30.5億，您才知道，怎麼會得第一。

孫：我搞不過你們，我落伍了，我趕緊抱著我的《孫子兵法》去跳海算了。

記：那正合我總統大人之意！

《第一章》

始計篇

章旨：「凡事豫則立，不豫則廢。」作戰亦然，故列「始計」為第一。本章開宗明義，提示國防建設與戰略思想總綱領。戰略之成敗在於「五經」（五項基本要素）、七計（七項基本條件）。至於戰術、戰法，則不外「以奇用兵」可也。

第一節

死生之地，存亡之道

一　原　文

孫子曰：兵者，國之大事也。死生之地，存亡之道，不可不察也。

二　注　釋

1. 兵者：指國防建設與戰備計畫，國防建設乃無形、抽象之「兵」，包括：教育、文化、內政、外交、經濟、財政、交通……等「總體力量」；戰備計畫乃有形、具體之「兵」，包括：軍備武器、輜重人員、情報通訊……等「個別設施」。
2. 地：所在也，關鍵也。得其利則生，失其便則死。
3. 道：方法也，技藝也。得之則存，失之則亡。

三　語　譯

孫子說：國防建設與戰備計畫，乃是國家大事，事關人民的生死，國家的存亡，舉國之人，不可不察。

四 說 明

「生命的意義，在創造宇宙繼起之生命；生活的目的，在增進人類全體之生活。」為保障生活之幸福，與生命之延續，必須起而捍衛此一生活與生命之成果。

地球面積及自然資源是有限的，而人口之增殖與慾望之精進，則是無窮的。縱使自身不求「生存空間」之擴展，亦要防備他國之入侵殖民。

「國之大事，在祀與戎。」（《左傳》）祀就是創造宇宙繼起之生命，戎即在生活安全之保障。

第二節
五經七計

一　原文

故經之以五事，校之以計，而索其情。

一曰道，二曰天，三曰地，四曰將，五曰法。

道者：令民與上同意也，故可與之死，可與之生，民弗詭也。

天者：陰陽，寒暑，時制也。

地者：高下，遠近，險易，廣狹，死生也。

將者：智、信、仁、勇、嚴也。

法者：曲制，官道，主用也。

凡此五者，將莫不聞；

知之者勝，不知者不勝。

故校之以計，而索其情。

曰：主孰有道？將孰有能？

天地孰得？法令孰行？兵眾孰強？

士卒孰練？賞罰孰明？

吾以此知勝負矣。

二 注釋

1. 經：度量、經理。
2. 五經：道、天、地、將、法。
3. 校：校量。
4. 計：計算，計較。
5. 索：探索。
6. 情：實際情形。
7. 道：作戰意志。
8. 天：天時。
9. 地：地利。

10. 將：主將之決心。

11. 法：軍制。

12. 智：能機權、識變通之智慧。

13. 信：信賞必罰之威信。

14. 仁：仁民愛物之慈悲心。

15. 勇：有決勝乘勢，見微知著之勇氣。

16. 嚴：軍令如山之嚴格訓練、嚴格要求。

17. 曲制：節制部曲，編制也。

18. 官道：軍官之守分，人事也。

19. 主用：財務、經理，主計也。

20. 七計：主孰有道、將孰有能、天地孰得、法令孰行、兵眾孰強、士卒孰練、賞罰孰明。

21. 孰：誰。

三 語譯

為了贏得戰爭，必以下列「五經」與「七計」，做為敵我雙方對比的衡量與評估，再進一步探索實際情形。

一是道，二是天，三是地，四是將，五是法。

道是戰鬥意志：要人民與政府同心協力，足以同生死、共患難，而不怕犧牲。

天是天時：包括陰晴之天候、寒暑之季節、早晚之時辰。

地是地勢之高低、路程之遠近、地形之險易、地貌之廣狹、進退、聚散之縱深度。

將是指揮官之機變、威信、仁心、果敢與嚴格。

法是軍需、財務、主計等項目。

綜計上列「五經」，為將的指揮官，沒有不深入了解的；了解深的贏得戰爭，了解淺的不能得勝。

在經過上述「五經」的評比之後，定能看出爭戰勝負的情形：何方主帥，能統一意志、同心協力？何方將領，能將士用命？何方得天時、地利？何方能貫徹命令？何方兵強士眾？何方士卒訓練精湛？何方賞罰分明？

根據這「七計」指標所示，我能預知勝負情況了。

四 說明

臺灣現今當道諸君子，天天高喊：要站起來！要走出去！要一邊一國！有如蜀犬之吠日，大而無當。試以孫子「經之以五事」的「道」——人民與政府同心協力——來看，二千三百萬的「全民意志」何在？有人「兒嫌母醜」地主張向中國嗆聲：獨立自主；有人主張回歸統一；有人主張加入美利堅成為第五十一州；有人主張成為大日本的第五大島（北海道、本州、九州、四國、高砂）；有人還想長西班「牙」、葡萄「牙」，吃他的荷蘭「豆」；更有的想做菲律「賓」？還有的企圖魚目混珠成為泰國「客」（Thailand vs. Taiwan）。小國寡民的臺灣，莫非真想做了「亞細亞孤兒」？年年吃聯合國的閉門羹，做個「地球村」的邊緣人。

第三節

忠，用之；不忠，去之

一、原　文

將(ㄐㄧㄤˋ)聽(ㄊㄧㄥ)吾(ㄨˊ)計(ㄐㄧˋ)，用(ㄩㄥˋ)之(ㄓ)必(ㄅㄧˋ)勝(ㄕㄥˋ)，留(ㄌㄧㄡˊ)之(ㄓ)；將(ㄐㄧㄤˋ)不(ㄅㄨˋ)聽(ㄊㄧㄥ)吾(ㄨˊ)計(ㄐㄧˋ)，用(ㄩㄥˋ)之(ㄓ)必(ㄅㄧˋ)敗(ㄅㄞˋ)，去(ㄑㄩˋ)之(ㄓ)。

二、注　釋

1. **將**：統帥也。
2. **聽**：聽從。
3. **計**：作戰計畫。
4. **去之**：辭別而去。

三、語　譯

三軍統帥若能聽從我的計策，用之必定打勝仗，我就留他；若不聽從我的計策，用之必定失敗，我就辭退他。

四 說明

「用人不疑，疑人不用」，「用一不用二，用三不用四」，這是指揮官emplyer用人的基本原則。

「用之則行，舍之則藏」，「女為悅己者容，士為知己者死」，這是被僱用者emplyee的基本風度。

第四節 因利制權

一 原文

計利以聽，乃為之勢，以佐其外。

勢者，因利而制權也。

二 注釋

1. 計：比較。
2. 利：利害之所在。
3. 聽：判斷、決斷也。
4. 勢：形勢。
5. 佐：輔助、輔佐。

三 語譯

分析、計算敵我利害關鍵，作出決斷，造成形勢上對我有利之外在條件，這叫做「勢」；勢者乃依我之利益所在，採取權宜措施。

趨利避害，乃造勢之最高原則，當「形勢比人強」時，無往而不利；形勢有時固然原就存在，但亦可以「人為」條件造勢。

第五節

攻其無備，出其不意

一 原文

兵者，詭道也。

故能而示之不能，用而示之不用，近而示之遠，遠而示之近。

利而誘之，亂而取之，實而備之，強而避之，怒而撓之，卑而驕之，佚而勞之，親而離之。

攻其無備，出其不意，此兵家之勝，不可先傳也。

二 注釋

1. **詭道**：詭譎之道。

2.佚：通「逸」。

3.離：離間也。

三 語譯

軍事學，乃是一種詭譎之學，往往反其道而行，所以：能打，要裝作不能打；想打，要裝作不想打；敵人明明在近處，卻要以遠處為假想敵；同樣的，遠處的敵人，裝作不見，卻在鄰近地區製造紛爭；給敵人以小利、小勝，引誘他上當；當敵人內部有矛盾時，趁亂取之；當敵人實力雄厚，要懂得防他；當敵人攻勢強勁，要懂得避他；撩撥其情緒，使其怒而出戰；顯示自身的卑下，以驕敵心；敵人整編休養之時，騷擾他，使之疲於奔命；敵人上下一心，同心協力，要挑撥、離間他。要之：兵不厭詐，總是攻其無備、出其不意，這是兵家必勝之道，不傳之秘。

四 說明

老子說：「以正治國，以奇用兵。」（老子《道德經》第五十七章）意即治國要用正道、常道；但用兵卻是奇道、詭道、偏道、非常道，這麼說來戰爭不但是科學的（尤其是數學的），還是哲學的，更是藝術的。其間的學問不為不大矣！

數學博士、醫學博士、哲學博士、……各行各業都有其博士，但沒有聽過軍事博士、戰爭博士，只因他太玄、太妙、太出乎意料之外。

「將欲歙之，必固張之；將欲弱之，必固強之；將欲廢之，必固興之；將欲奪之，必固與之。」（老子《道德經》第三十六章）這是老子「微明」（看似隱微不顯，其實已暗藏玄機）之道。所以，戰爭不是絕對的，有時往往還「柔勝剛，弱勝強」呢！

第六節

多算、少算、無算？

一 原文

夫未戰而廟算勝者，得算多也；

未戰而廟算不勝者，得算少也。

多算勝，少算不勝，而況於無算乎？

吾以此觀之，勝負見矣。

二 注釋

1. **廟**：祭祖之所，曰廟；又王宮的前殿、朝堂。

2. **廟算**：古時政教合一，國之大事，商於祖廟，祭告於祖。

3. **廟算勝**：即俗語所謂：「運籌於帷幄之中，決勝於千里之外。」

三 語　譯

在戰事未發生之前，有精密周詳的作戰計畫的話，那麼戰爭的勝算就多了；開戰前「廟算」沒有把握，那麼一開戰的時候，勝算就少了；事先經過周密盤算，屆時勝算的機會多，事先缺少盤算，屆時勝算的機會就少多了，何況那些不經過盤算而盲目從事的戰爭呢！

我們用這種方式去觀察、預測戰事，勝負立可預見。

四 說　明

「凡事豫則立，不豫則廢」(《大學章句》)，就是本章主旨。「先計而後戰」，乃兵家第一要義。

「兵者，國之大事，死生之地，存亡之道。」故而，不打沒把握的戰爭。

《第二章》

作戰篇

章旨：「大兵如市，人死如林；持金易粟，粟貴於金。」（漢・無名氏〈童謠〉）「白骨成丘山，蒼生竟何罪？」（唐・李白〈贈江夏韋太守良宰〉）「田園寥落干戈後，骨肉流離道路中。」（白居易〈望月有感〉）「十年天地干戈老，四海蒼生痛哭深。」（明・顧炎武〈海上〉）本章論戰爭之成本概念，足為「戰爭販子」者戒；然而一旦發動戰爭，務必「以最小代價，獲取最大、最後勝利」的經濟效益。

第一節
兵貴拙速，而非巧久

一 原文

孫子曰：凡用兵之法，馳車千駟，革車千乘，帶甲十萬。

千里饋糧，則內外之費，賓客之用，膠漆之材，車甲之奉，日費千金。

然後十萬之師舉矣。

其用戰也勝，久則鈍兵挫銳，攻城則力屈，久暴師則國用不足。

夫鈍兵挫銳，屈力殫貨，則諸侯乘其弊而起，雖有智者，不能善其後矣！

故兵聞拙速，未睹巧之久也；夫兵久而國利者，未之有也。

故不盡知用兵之害者，則不能盡知用兵之利也。

二 注釋

1. 馳車：即輕車，戰鬥用。其裝備為一車駕四馬（駟也、乘也），配備軍士三員（駕者、左箭手、右斧手)、步卒七十二員。
2. 革車：即重車，又稱輜重車，運輸用。通常以牛牽引之。配步卒二十五人。
3. 乘：輛也。
4. 帶甲：指披甲戴冑（盔）之武裝士兵。
5. 饋：送也、贈也；指運糧食至前線。
6. 賓客之用：凡非戰鬥之間接費用，諸如：情報、通信、聯絡、偵察、交際等費用。
7. 奉：供應、補充消耗之所需。
8. 用戰：用兵作戰。
9. 暴：暴師，用兵在外之意。
10. 殫：枯竭之意。

三 語譯

孫子說：出兵作戰，需千輛馳（戰）車、千輛革（輜重）車、全副武裝配備的戰士十萬；外加千里外運糧、運補，以及後方聯勤軍械、軍器之修護補充，往往高達日費千金之數，然後十萬大軍才得行動。

大軍作戰，其基本訴求在於得勝而歸；否則時間一久，兵鈍、銳挫，攻城力屈，久戰的結果形成國用匱乏。

當兵鈍、銳挫、力困、財匱的危機出現時，也就是鄰國諸侯乘亂入侵之時；這時雖有睿智的統帥，也無法善其後了。

所以，用兵作戰寧可拙實的速戰速決，卻不可要巧持久；「以空間換取時間，持久作戰而對國家有利。」這是從來未有之事。

因此，不澈底了解用兵之害的人，就絕不會了解用兵之利。

四 說明

「打仗第一要錢，第二要錢，第三還是要錢。」尤其現代戰爭更是在打「錢」。是故「以道佐人主者，不以兵強天下，其事好還。」（老子《道德經》第三十章）《孫子兵法》雖然是一本「兵」書，但孫子並不鼓吹戰爭，「戰爭」不過是「以戰止戰」的下下策而已，因為「以暴易暴」其事好還，惡性循環不已。

第二節

取用於國，因糧於敵

一　原文

善用兵者，役不再籍，糧不三載。取用於國，因糧於敵，故軍食可足也。

二　注釋

1. **役**：人民服兵役。
2. **再**：第二次。
3. **籍**：召集、動員之意。
4. **載**：運輸也。
5. **用**：指被服、械彈、槍砲等軍需用品。
6. **因**：依賴、徵用。

三 語譯

善於用兵的指揮官，在一次徵召動員士兵後，即可戰勝敵人，糧秣不用第三次運送，即可結束戰事。

出征敵國，軍需用品當然取之於國內，但糧秣食物只在就地徵用，這樣軍糧，即可不虞匱乏。

四 說明

再次的動員、徵兵，只會造成「兵革既未息，兒童盡東征」(杜甫《羌村三首》) 情況；再三的徵糧更會造成「十年天地干戈老，四海蒼生痛哭深。」(顧炎武〈海上〉) 殘狀。

「兵者不祥之器，非君子之器，不得已而用之，恬淡為上。」(老子《道德經》第三十一章)

第三節

食敵一鍾當吾二十鍾

一　原文

國之貧於師者遠輸，遠輸則百姓貧。近於師者貴賣，貴賣則百姓財竭，財竭則急於丘役。力屈、財殫，中原內虛於家。百姓之費，十去其七；公家之費，破車罷馬，甲冑矢弩，戟楯蔽櫓，丘牛大車，十去其六。

故智將務食於敵，食敵一鍾，當吾二十鍾，萁稈一石，當吾二十石。

二 注釋

1. 師：用兵。

2. 輸：輸送、運輸。

3. 貴賣：物價高昂。

4. 丘役：竭澤而漁式的攤派賦役。古時實行井田制度：以八家為井、四井為邑、四邑為丘、四丘為甸。意即以丘（一百二十八家）作為攤派人力、獸力、物力、財力對象。

5. 力屈、財殫：由於長途的運糧，自然力屈；長時間的輸餉，自然財殫。

6. 罷：疲也。

7. 甲：征衣。

8. 冑：頭盔。

9. 矢：箭。

10. 弩：用機械發射的大弓，又叫窩弓，用腳踏或用腰開，能連發的叫連弩。

11. 戟：古時一種槍，其尖端有叉。

12. 楯：盾也，用來保護身體，抵禦敵人刀箭的兵器。其材質有皮質、木質、藤質、銅質、鐵質。

13. 蔽櫓：一種上有牛皮遮蔽的大楯牌，又叫衝彭或彭排。

14. 丘牛：丘邑之牛，隨兵賦徵調來的牛隻。

15. 鍾：古量名，約等於六斛四斗，約三十四斗（四百斤）。

16. 萁稈：萁：豆萁也，稈：禾稈也，兩者皆戰馬、牛隻的飼料。

三　語譯

由於給養、運輸路線過分遙遠，因而戰爭使得國家陷於財政困難，導致人民貧困。大軍群集地區，民生用品物價必然高漲，造成通貨膨脹，人民生活自然拮据不堪。由於國家財政困難，於是加緊於橫徵暴斂的搜刮到最大限度，導致國內空虛，百姓之家十室七空；至於公府世家，由於供應車馬、武器、槍械、輜重、運輸也都十去其六，使得民生凋敝、財政陷入危機。

所以有遠見的將領，務必就地徵糧於戰地，吃敵糧一鍾，勝過在本國徵糧二十鍾；徵草料一石，勝過運本國草料二十石。

四　說明

取用（軍用品）於國，徵糧於敵，乃是戰爭的最高經濟原則。

「師之所處，荊棘生焉，大兵之後，必有凶年；故善者果而已，不敢以強取焉！」（老子《道德經》第三十章）戰爭的最高境界，乃在於——不戰而屈人之兵。

第四節

善待俘虜

一 原文

故殺敵者，怒也；取敵之利者，貨也。

故車戰，得車十乘已上，賞其先得者，而更其旌旗，車雜而乘之。卒善而養之，是謂勝敵而益強。

二 注釋

1. 怒：士氣高昂、軍威壯盛。
2. 利：物質。
3. 貨：重賞也。
4. 益：更加。

三 語譯

鼓舞士氣，使之勇敢殺敵；擄獲敵人物資，作為犒賞。所以，凡是擄獲敵人戰車十輛以上者，重賞其先得者，換上我方旗幟，使之加入車隊，繼續參戰。

進一步更要善待俘虜，使之為我所用，「越戰越勇」乃勝敵之道也。

四 說明

以戰養戰，因敵以勝敵。何往而不強？何往而不利？

第五節

兵貴勝，不貴久

一 原文

故兵貴勝，不貴久。

故知兵之將，民之司命，國家安危之主也。

二 注釋

1. 貴：重視也。
2. 知兵：知道戰爭「持久之害、速戰速決之利」的道理。
3. 司命：司命之星，以言救星。
4. 主：主宰。

三 語譯

戰爭的目的，以勝利為第一要件，但不以持久為要件。

所以，一個懂得用兵之道的將領，他是人民的救星，國家安危的主宰啊！

四 說　明

發動戰爭，如同玩火，不加以節制、控制，最後一定被火玩，成為引火自焚下場。

「果而勿矜，果而勿伐，果而勿驕，果而不得已，果而勿強。」（老子《道德經》第三十章）打了勝仗，不自負、不自誇、不驕傲；即使打勝仗也是不得已的，不可依恃武力，逞強好勝。

《第三章》

謀攻篇

章旨：「不戰而屈人之兵，善之善者也。」作者倡導以最低代價，贏得最大戰果的「經濟」原則，在於「知彼知己」。

第一節
不戰而屈人之兵

一 原文

孫子曰：凡用兵之法：

全國為上，破國次之；

全軍為上，破軍次之；

全旅為上，破旅次之；

全卒為上，破卒次之；

全伍為上，破伍次之。

是故百戰百勝，非善之善者也；

不戰而屈人之兵，善之善者也。

二 注釋

1. 全：保全也。

2. 破：破損、瓦解也。

3. 軍：古時軍制：一萬二千五百人為軍。周制：天子六軍、大國三軍、小國一軍或二軍。

4. 旅：五百人為一旅。

5. 卒：百人為卒，相當現今連隊。

6. 伍：五人為伍。

三 語譯

孫子說：大凡用兵的法則，使敵人舉國完整地屈服為上策，不得已將之擊破而佔領者為次一等；使敵軍完整地降服為上策，破軍而佔領者為次一等；使敵人全旅降服的上策，破旅而佔領之為次一等；使敵人全卒（連）投降的為上策，破卒而佔領之為次一等；使敵人全伍投降的為上策，破伍而消滅之為次一等。

所以，百戰百勝的戰爭，並不是最理想的戰爭結果，必也不戰而屈人之兵，才是最高明的戰爭哲學。

四 說明

綜觀我國歷史，華夏民族與邊疆民族之鬥爭，總不外殺、伐、擄、掠……等方式，似乎非把對方置之死地才甘心，最後沒有辦法的辦法就是築長城以隔絕之。為什麼不能用「經濟互補」的方式，以修和平。上天之造人群，遊牧之人與定耕之人，以毛、皮、牛、羊，交易米、麥、絲、茶。各盡所能、各取所需，十分合乎天道、人道與治道。

直到滿清王朝康熙帝，才以定牧、分治、聯婚、宗教……等方式融合了滿、漢、蒙、藏、回……化敵為友、奠定了中華民族的「固有疆域」！

是誰寫的歷史教科書？說滿清腐敗、無能……，歷史上最無能、最腐敗的，反而是中華民國的蔣氏王朝、李扁父子。

今天，臺台灣對大陸合則兩利，分則兩害，戰則雙亡，鬥則美日漁利。總有那麼一小撮人，唯恐天下不亂，無事生非，他們是民族敗類，他們總想在骨嶽血淵中，喊爽！十足的將自己的快樂建築在全民族的痛苦上。

「兩岸直航」，「水果零關稅」……，何「統戰」之有？阿扁啊！你才不要「統戰」我們廣大的農民選票！

兩次波灣戰爭，小布希終以強大兵力「破」了伊拉克，在眾人鼓掌、歡呼聲中把海珊的銅像推倒……。有組織的伊拉克正規抵抗似乎被消滅了；但無組織的抵抗、自殺行動，正像連續劇一般的上演，美軍的傷亡將是無止境的。

現代的戰爭販子——布希家族加布萊爾小丑。

第二節

以全爭於天下

一 原文

故上兵伐謀，其次伐交，其次伐兵，其下攻城。

攻城之法，為不得已：修櫓轒轀，具器械，三月而後成；距闉，又三月而後已。

將不勝其忿，而蟻附之，殺士三分之一，而城不拔者，此攻之災也。

故善用兵者，屈人之兵，而非戰也；

拔人之城，而非攻也；

毀人之國，而非久也。

必以全爭於天下。

故兵不頓，而利可全，此謀攻之法也。

二 注 釋

1. 伐：從事、爭取也。
2. 謀：謀略戰、心理戰、宣傳戰。
3. 交：外交戰。
4. 修：製造。
5. 櫓：大楯架子，以牛皮為頂棚，以防矢石，俾利士兵前進。
6. 轒轀：車名。前述之大櫓，下裝四輪，可容十人，用以運送士兵接近城垣，以利攻城。
7. 具：準備。
8. 器械：攻城之器材，如鉤車、雲梯等。
9. 闉：城曲處的兩重門，拒闉乃衝棚也，撞開城門之用。
10. 不勝：耐不住。
11. 蟻附之：像螞蟻爬牆樣的動作。
12. 全：全方位，多角化經營。

三 語 譯

戰爭的最高哲學，乃是謀略戰、心理戰，消除敵之戰爭，企圖破壞敵之戰鬥意志；其次是外交戰，瓦解敵同盟關係，增進己方之後援國；再次是臨敵對陣，進行運動戰；再下是攻城之戰。攻城之戰，實在是不得已為之：製造櫓楯、轒轀等攻城器械，需時三個月，造衝棚、「堆土為台」等工事又要三個月；最後指揮官在焦急而忿怒的情況下，下令強行攻擊，士卒像螞蟻般個個爭先攀爬，此時死傷已達三分之一，而城池仍未攻下，這乃是攻城之戰最悲慘的下場。

所以，善於用兵的將軍，屈服敵人，用不著打仗；拔人城池，用不著攻堅；毀人國家，用不著久戰（速戰速決)。戰爭必須是全方位，從政治、外交、教育、文化、經濟、情報……等多元化進行；這樣就可達到兵不勞頓而獲全勝的目的，這是「謀攻」(國之政略與戰略）的最高原則。

四 說 明

謀略戰、外交戰、田野戰、攻城戰、白刃戰……。謀略戰、外交戰乃不戰而屈人之兵之戰，乃是戰爭最高哲學。

買愛國飛彈、買巡弋戰艦，買坦克大砲……六千一百零六億，為虎作倀，乃戰爭思想之下流焉！

第三節

十則圍之，五則攻之

一、原文

故用兵之法：十則圍之，五則攻之，倍則分之。

敵則能戰之，少則能守之，不若則能避之。

故小敵之堅，大敵之擒也。

二、注釋

1. 圍之：圍困他。
2. 攻之：攻擊他。
3. 倍：雙倍的兵力。
4. 分之：兵分兩路，聲東擊西。
5. 敵：對等。

三 語譯

就軍事戰略而言：十倍兵力於敵，當圍而殲滅之；五倍優勢時，全力攻擊消滅之；兩倍於敵時，兵分兩路，聲東以擊西；與敵人兵力相等時，先下手為強，出奇以制勝；兵力比敵軍少，守之；兵力不如敵人時，避其鋒頭。

所以，弱小之兵力，若不自量力，堅守陣地，其結果必然被擒，成為強敵的俘虜。

四 說明

用兵之法，不外圍之、攻之、分之、戰之、守之、避之。今天太多的主事者採「不戰」、「不守」、「不走」、「不和」、「不降」、「不死」等「六不將軍」策略，只採「拖延」。其最後結果全民遭殃，玉石俱焚。

臺灣小國寡民的當政者，當夜半思維，捫心自問。

第四節

將者，國之輔也

一 原文

夫將者，國之輔也；

輔周則國必強，輔隙則國必弱。

故君之所以患於軍者三：

不知軍之不可以進，而謂之進；

不知軍之不可以退，而謂之退，

是謂縻軍。

不知三軍之事，而同三軍之政者，則軍士惑矣。

不知三軍之權，而同三軍之任，則軍士疑矣。

三軍既惑且疑，則諸侯之難至矣，是謂亂軍引勝。

二 注釋

1. 輔：輔佐。
2. 周：周全無缺。
3. 隙：不周全、有空隙、有缺陷。
4. 患：蒙蔽。
5. 縻：牛鼻繩也，用以羈縻牛隻，今作羈絆意，使之不能自由行動之謂。引申為糜爛；即政令不一，指揮錯亂，進退失據的情形。
6. 惑：無所適從，迷惑之謂也。
7. 權：權變。
8. 任：指揮。
9. 疑：懷疑。
10. 亂：紊亂軍心。
11. 引勝：引人取勝於我。

三 語譯

這將帥乃是一國之棟梁。這輔佐的棟梁健全，國必強；輔佐不建全，則國必弱。

所以，國家元首對於三軍之隔閡有三：不知軍隊之不可前進，貿然下令進軍；不知三軍之可以退卻，貿然下令退卻，是謂縻爛軍隊。

不知三軍之軍令，而以軍政干預之，使得三軍產生疑惑。

不知三軍之應變，而干預三軍之指揮權，則疑惑了三軍。

軍政錯亂，軍心疑惑，鄰近諸侯則乘機侵入，這叫作紊亂軍心，引敵致勝於我。

四　說　明

兵貴於專一，是故「將在外，君命有所不受」。一般國君往往犯了「外行領導內行」的弊病。

第五節
知彼知己，百戰不殆

一 原文

故知勝有五：

知可以戰與不可以戰者勝；

識眾寡之用者勝；

上下同欲者勝；

以虞待不虞者勝；

將能而君不御者勝。

此五者，知勝之道也。

故曰：

知彼知己，百戰不殆；

不知彼而知己，一勝一負；

不知彼，不知己，每戰必殆。

二 注釋

1. 知：預知也。
2. 用：使用、指揮。
3. 同欲：同心。
4. 虞：準備。
5. 能：指揮之能。
6. 御：干預。
7. 殆：危險、失敗之意。

三 語譯

預知作戰得勝之道有五：

1.知道可以戰與不可以戰者贏；

2.知道彼此兵力的眾寡者，而知如何指揮者贏；

3.上下同心、同心協力者贏；

4.有備對無備者贏；

5.將軍有指揮之能，元首不任意干涉者贏。

所以說：「知彼知己，百戰不敗；不知彼而知己，一勝一負；不知彼，也不知己；每戰必敗。」

四 說 明

「知彼知己，百戰不殆……」，固然是戰爭名言，但若用在商場、考場、情場、職場……無不適用，真可說「放諸四海皆準之，百世以俟聖人而不惑」的。

「知人者智，自知者明；勝人者有力，自勝者強。」（老子《道德經》第三十三章）這知彼知己，最重要的還是知己。太多的政治人物只知騙人、騙己；騙天、騙地，以「扁人為快樂之本」，最後必然被全民扁。

《第四章》

軍形篇

章旨：戰爭「攻」、「守」的最高原則，在於「度、量、數、稱、勝」五大思維之充分發揮。

第一節
守則不足，攻則有餘

一 原文

孫子曰：昔之善戰者，先為不可勝，以待敵之可勝。

不可勝在己，可勝在敵。

故善戰者，能為不可勝，不能使敵必可勝。

故曰：勝可知，而不可為。

不可勝者，守也；可勝者，攻也。

守則不足，攻則有餘。

善守者，藏於九地之下；善攻者，動於九天之上。

故ㄍㄨˋ能ㄋㄥˊ自ㄗˋ保ㄅㄠˇ而ㄦˊ全ㄑㄩㄢˊ勝ㄕㄥˋ也ㄧㄝˇ。

二 注釋

1. 不可勝：處於有備，使敵不能取勝於我。
2. 可勝：可以勝利。
3. 九地之下：極其隱藏之地。
4. 九天之上：極其明察之處。

三 語譯

孫子說：過去善於作戰的將軍，先處於有備，立於不敗之地，使敵人無可勝之隙，以待敵之曝露缺失，達到我戰勝敵人的目的。使敵人不可勝在已；乘敵之敝而取得勝利在敵。因此，善戰者先立於不敗之地，然後進一步的打敗敵人。所以說，戰爭的勝負是可以預知的，卻不能塑造的。使敵無法勝我，屬於防守之事；戰勝敵人，則屬於攻擊之事。防守時每感兵力不足，攻擊時每感兵力有餘。

善守者要有如遁於九地之淵，無處不藏；攻擊者有如天兵下降，隨時下達攻擊。

誠如是守者自保，攻者自如，沒有不獲全勝者。

四 說　明

為何「不可勝者，守也；可勝者攻也。守則不足，攻則有餘？」因為「最佳的防禦，乃是攻擊」。前者被動防禦，防不勝防；後者主動攻擊，無處不可攻，隨時均可破。

「天下柔弱，莫過於水，而攻堅強者，莫之能勝，以其無以易之。」（老子《道德經》第七十八章）水，天下之至柔也；石，天下之至硬也。為什麼會「水滴石穿」，就在於它不斷的「攻擊」，日夜不息。

第二節

修道保法，勝敗之政

一 原文

見勝不過眾人之所知，非善之善者也。

戰勝而天下曰善，非善之善者也。

故舉秋毫不為多力；見日月不為明目；聞雷霆不為聰耳。

古之所謂善戰者，勝於易勝者也；故善戰者之勝也，無智名，無勇功。

故其戰勝不忒，不忒者，其所措

必勝，勝已敗者也。

故善戰者，立於不敗之地，而不失敵之敗也。

是故勝兵先勝，而後求戰；敗兵先戰，而後求勝。

善用兵者，修道而保法，故能為勝敗之政。

二 注　釋

1. 見：現也，顯現、預見之意。
2. 秋毫：禽類秋天所長出的毫毛，極輕、極微之意。
3. 日月：如日、似月，天下之至明。
4. 雷霆：似雷、似霆，天下之至響。
5. 忒：錯誤、缺失。
6. 措：措施也；得之則存，失之則亡。
7. 道：戰爭之道。
8. 法：軍隊的編制與法制。

三 語譯

戰勝了一般人都能預料的勝利，不是最高明的勝利；同樣的，戰勝了人人都道好的勝利，也不見得是最高明的勝利。就如同能舉起秋毫的人，不能算是大力士；能見到日月之光的人，不能自誇為明目；能聽到雷霆之聲的人，不能自誇為耳聰一般。

古之善於作戰者，都勝敵於無形，勝得非常輕易，勝的有如「無智之名」，有點「無功之勇」。所以他的勝利是完美無缺的，其所以完美無缺：一則他能處於有備無患，不被打敗；二則他能捕捉敵軍的錯失予以打擊消滅。所以，善於作戰的人，務必使自已處於不敗之地，進而捕捉敵人的錯失。戰勝者，都是先造成必勝之條件，才同敵人開仗；而吃敗仗者，往往是先開仗，然後才看能不能僥倖得勝。

善於用兵作戰者，先修明內政，確保軍制、軍法，才能確保勝敗的關鍵。

四 說明

戰爭是哲學的、科學的、藝術的，屬於「應用」部分，然其根本之基，乃在於「修道保法」，用現代語言說，戰爭的勝負端看開明政治：自由、民主、法治。除此之外，皆為捨本逐末。

「勝於未形，乃為知兵」。事後的諸葛亮，人人都會扮演。

第三節

度、量、數、稱、勝

一 原 文

兵法：「一曰度，二曰量，三曰數，四曰稱，五曰勝；地生度，度生量，量生數，數生稱，稱生勝。」

故勝兵若以鎰稱銖，敗兵若以銖稱鎰。

勝者之戰民也，若決積水於千仞之谿者，形也。

二 注 釋

1. 度：判斷、度尺，一種測量土地的器具；如：尺、丈、里等。

2. **量**：容量，一種測量容積的器具；如：升、斗、斛等。

3. **數**：數目，一種清點品物的單位；如：百、千、萬等。

4. **稱**：同秤，比較也。一種衡量輕重的單位；如：兩、斤、衡。

5. **鎰**：古衡名，二十四兩為一鎰；極重之意。

6. **銖**：古衡名，重約二十四分之一兩；極輕之意。

7. **仞**：古度名，八尺曰仞。

8. **谿**：谿壑，山澗也；通「溪」。

三 語　譯

兵法有云：「一是判斷（地之遠近），二是衡量（糧餉之補給），三是數（人員、馬匹之眾寡），四是比較（戰力的虛實），五是勝負；換句話說，第一要以地形之遠近、廣狹、險易來判斷軍勢；第二要以軍勢部署人員、裝備；第三，觀察人員、裝備的數量；第四，比較雙方實力的虛實；第五看出勝算之有無。」

因而，絕對優勢的兵力，猶如以鎰擊銖（鐵球碰雞蛋）；處於劣勢的兵力，猶如以銖抗鎰（雞蛋碰鐵球）。優勢的兵力其形勢有如決堤於山頂的大壩，衝擊至八千尺下的溪谷。

四 說　明

「以絕對優勢的兵力，採取勇猛的攻勢，發揮戰鬥的衝擊力」，此乃戰爭最高指導原則。

「道沖，而用之，或不盈；淵兮似萬物之宗；湛兮似或存。」（老子《道德經》第四章）戰爭之「道」，與老子所說之「道」，有異曲同工之效。

水至柔也，卻也至剛。前者澤潤大地，滋生萬物，行舟渡筏；後者水力發電、水刀、水切割、水滴石穿……用兵如運水，其「道」相似

孫子強調軍人武（五）德：智、信、仁、勇、嚴者，即為水之德也。

1.智（志）：水流萬里，百折而東，望洋而奔。

2.信：月圓月缺，潮漲汐退，永不失時，水信如是。

3.仁：水最具仁心。施與萬物而不伐其功，利益大千而不求回報。

4.勇：水最勇。赴百川之谷而不懼。激水之疾，至於漂石；水滴石穿。

5.嚴：天地運行無窮，江河奔流不竭。

《第五章》

兵勢篇

章旨：提示充分掌握軍隊的方法，在於「分數」、「形名」、「奇正」和「虛實」四大要領。

克敵致勝的關鍵則在於「勢」與「節」。

第一節　以石擊卵

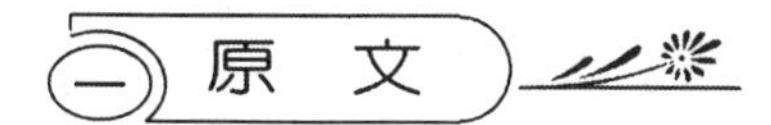

一　原文

孫子曰：凡治眾如治寡，分數是也；鬥眾如鬥寡，形名是也。

三軍之眾，可使必受敵而無敗者，奇正是也。

兵之所加，如以碫投卵者，虛實是也。

二　注釋

1. 分數：組織、編組也。
2. 形：行陣也，以旌旗指揮軍隊曰形。
3. 名：鳴也，以鐘鼓命令進退曰名。
4. 奇：旁出之軍曰奇。

5. 正：正面遇敵曰正。

6. 碫石：鍛鍊鋼鐵作為椹板（砧）的石墊；礪石，粗石，用以磨刀刃。

三 語譯

孫子說：管理眾多的部隊，如同管理少數部隊一樣的簡單，這是分層負責編組的問題；指揮大部隊作戰，如同指揮小部隊作戰一樣的容易，這是號令齊一的問題。以三軍之眾，受敵之攻擊而不敗者，這是進退奇正之術。以我強力之兵，加於弱敵之卒，猶如以石擊卵，這是虛實問題。

四 說明

「執簡御繁，分層負責」八字，乃是治事不二法門。爭戰何嘗不然？臨場更應以逸待勞、以寡擊眾，方可守事半功倍之效。

第二節
奇正相生

一 原　文

凡戰者，以正合，以奇勝。

故善出奇者，無窮如天地，不竭如江河。終而復始，日月是也；死而復生，四時是也。

聲不過五，五聲之變，不可勝聽也。

色不過五，五色之變，不可勝觀也。

味不過五，五味之變，不可勝嘗也。

戰勢不過奇正，奇正之變，不可勝窮也。

奇正相生，如循環之無端，孰能窮之？

二 注釋

1. 正合：正面相交。
2. 奇勝：出奇致勝。
3. 四時：春夏秋冬四季。
4. 五聲：宮、商、角、徵、羽。
5. 五色：青、赤、黃、白、黑。
6. 五味：酸、鹹、辛、苦、甘。
7. 勝：盡。
8. 端：因素。
9. 窮：止境。

三 語譯

大凡戰爭，都以正面相交，而以出奇不意取勝。

善於出奇兵者，無窮得有如天地之寬，變化之多，有如江河之流。周而復始，如日月之交替；死而復生，如四季之循環。

聲不過五，但宮、商、角、徵、羽之交響互動，變化無窮。

色不過五，但青、赤、黃、白、黑之濃淡明暗，對比搭配。

味不過五，但酸、鹹、辛、苦、甘足以調和鼎鼐，千嘗百味。

戰不過正奇兩端，但其間的變化，亦是千變萬化，不可勝數。

奇正相生的變化，亦如前者聲、色、味之變化無窮。

四　說　明

大凡作戰，不論其為戰場、商場、情場、外交場……不外用「正」以應戰，而以「奇」見勝，方能立於不敗而獲全勝之局。正者主力也，奇者助攻（佐兵）也，亦即所謂「出敵不意謂之奇」，以非常手段，出其意表，致敵於敗亡之機也。

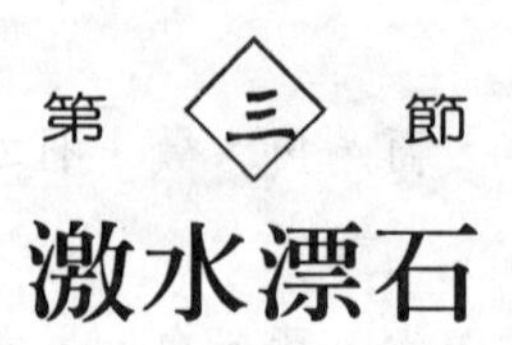

激水漂石

一 原文

激水之疾，至於漂石者，勢也；

鷙鳥之擊，至於毀折者，節也。

是故善戰者，其勢險，其節短，勢如彍弩，節如發機。

二 注釋

1. 鷙鳥：猛禽，一種掠食類的鷹。
2. 毀折：毀其骨、折其翼。
3. 彍弩：拉滿弓。
4. 節：關節、關鍵也。

三 語　譯

水從高峻險陡處激流而下，能沖漂石板、石塊是「勢」所造成的；鷹鵰之類的猛禽，從高處急飛而下，毀折其他小鳥，乃是掌握了關鍵時刻與關鍵部位。

所以善於作戰者，其勢強又險，如張弓之勢；其節奏短而急，有如扣發板機之急速。

四 說　明

水至柔也，石至重、至堅也。水之不能動石，正常之「理」也，然而激水之力，可以漂石，水之「勢」使然；滴水之力，可以穿石，水之「節」使然。

第四節

亂生於治，怯生於勇，弱生於強

一 原文

紛紛紜紜，鬥亂，而不可亂也；

渾渾沌沌，形圓，而不可敗也。

亂生於治，怯生於勇，弱生於強。

治亂，數也；勇怯，勢也；強弱，形也。

故善動敵者：形之，敵必從之；予之，敵必取之；以利動之，以實待之。

二 注釋

1. 紛紛紜紜：旌旗紛紛，人馬紜紜，形容戰場上紛亂的情形。

2. 渾渾沌沌：行陣不整貌，有如渾濁之河水。

3. 形：方陣。

4. 圓：圓形。

5. 治：有秩序、有條理。

6. 數：編制組織。

7. 勢：戰鬥員之士氣。

8. 形：陣地的部署。

三　語　譯

旌旗紛紛，人馬紜紜，好似在混亂中戰鬥，其實一點都不亂；車隊轉動，步騎奔騰，有如混濁河水之翻騰，時方時圓，不為敵所敗。

凡亂由治生，此亂非真亂；怯由勇生，此怯非真怯；弱由強生，此弱非真弱，乃我之奇也。

治亂之源為數；勇怯之本在勢；強弱之分在形。故善於欺敵者，形成一種假想，敵人一定信以為真，給敵人以小利，敵人必取之；以小利誘動之，以實力待之。

四　說　明

孫子說：「兵無常勢，水無常形，能因敵變化而取勝者，謂之神。」(見〈虛實篇〉) 能針對戰況之變化，採取因應措施。這是戰場的「彈性」原則。

「彈性原則」不只在戰場可以靈活運用，日常處世治事，莫不賦之彈性，否則拘泥於原則，恐流於呆板。

水之為物，無形、無狀，往往動之以時。它不違天時，不逆人事，可行則行，可止則止，無不動靜自如。正如告子所說：「決諸東則東流，決諸西則西流。」(《孟子．告子上》)帶兵如「運」水。

第五節　主動先制

一 原　文

故善戰者，求之於勢，不責於人，故能擇人而任勢。

任勢者，其戰人也，如轉木石。木石之性，安則靜，危則動；方則止，圓則行。

故善戰人之勢，如轉圓石於千仞之山者，勢也。

二 注　釋

1. **責**：要求、責備。
2. **擇**：放任，通「釋」。

3. 安：置於平坦之處。

4. 危：置於高斜之地。

5. 戰人：驅使人民作戰。

6. 勢：勢態。

三 語譯

所以善於作戰的人，他的勝利只求之於「勢」，而不責之於「人」，所以身為將帥之人，他能因材器使、因地制宜，創造有利形勢；能任勢御眾。

他之對付敵人，有如轉動木石一般，木石之性：平坦則靜止，傾斜則滾動；方正則靜止，渾圓則滾動。所以，善於利用形勢的人，有如從千丈斜坡滾下圓石一般，其勢之不可擋，不言而喻。

四 說明

戰爭勝負的決定，其主要因素固然是人，但在「形勢比人強」(《毛氏語錄》) 時，真的只好「求之於勢，不責於人」了。

君不見我國八年抗戰之最後「慘」勝，要不是乘日本發動太平洋戰爭英美反攻之勢，何來此種從天上掉下來的「勝利」；君又不見，民國三十六年至三十八年，以五星上將「中國戰區總司令」之尊，率六百萬美援裝備之大軍，竟然敗亡於蟄居延安窯洞十年「小米加步槍」之窮酸部隊。

退居臺灣之後，檢討再檢討，至今還找不出原因。軍事失敗？教育失敗？財政失敗？兵法有云：「求之於勢，不責於人。」真所謂鬼使神差矣！

當年是以「收編」、「妥協」、「收買」、「欺騙」……等方式完成了「統一大業」。所謂的「黃金十年」（民國十五年到二十五年），也就是「內戰十年」，最後毛氏以其人之道，還治於其人之身，在兩年內（三十六年至三十八年）收拾得乾乾淨淨。

要而言之，你怎麼得的天下，你就怎麼失天下，「不義之財湯潑雪，筋骨之財刀刮鐵」，就是這個道理，下民可虐，上天卻不可欺。

時至今日，民主時代亦然，你可騙選票於一時，卻不能掌政權於永遠，人民的眼睛是雪亮的。

《第六章》

虛實篇

章旨：虛虛實實，乃見真章；實實虛虛，真章乃見。從時、空因素的掌握，牽涉到勞佚與勝負，為將者不可不慎焉。

第一節 機動原則

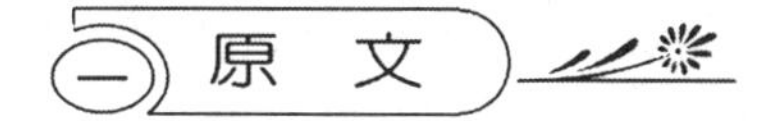

一 原文

孫子曰：凡先處戰地而待敵者佚，後處戰地而趨戰者勞。

故善戰者，致人而不致於人。

能使敵人自至者，利之也；能使敵人不得至者，害之也。

故敵佚能勞之，飽能飢之，安能動之。

二 注釋

1. 處：到達。
2. 佚：同「逸」，安逸也。

3. **趨**：赴也。

4. **致人**：支配人。

5. **致於人**：受人支配。

6. **利之**：利誘之。

7. **害之**：避害也。

三 語　譯

孫子說：凡先到達決戰之地者，處於以逸待勞地位；凡後到決戰之地者，必然倉促應戰，處於被動地位。

所以，善戰者，能主動出擊制敵，而非被動受制於敵。要使敵人自來，必以利益誘之；要使敵人不來，必使之知難，避害而退。

因而，敵人要休息，必使之疲勞；敵人欲溫飽，必使之饑渴；敵人欲安逸，必使之動亂。

四 說　明

「主動」與「先制」乃是一種機動作戰。

機動原則，亦即一切操之在我，有如今日之游擊戰也。

這是繼〈始計篇〉第五節「兵者，詭道也」的發揮。不外：「歙之，張之；弱之，強之；廢之，興之；奪之，與之。」（老子《道德經》第三十六章．以退為進）老子所說的「微明」之道。

第二節

攻守之道

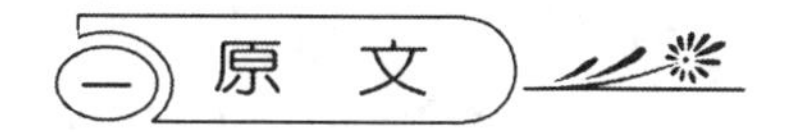

出其所必趨，趨其所不意；行千里而不勞者，行於無人之地也；攻而必取者，攻其所不守也；守而必固者，守其所不攻也。

故善攻者，敵不知其所守；善守者，敵不知其所攻。

微乎！微乎！至於無形；

神乎！神乎！至於無聲。

故能為敵之司命。

1. 趨：（形）注意、注目。
2. 趨：（動）急趨向前，攻擊也。
3. 微乎：微妙啊！
4. 神乎：神奇啊！
5. 司命：牽制他的命運。

三 語譯

向敵人不注意的地方進軍，進攻敵人不曾在意的地方。行軍千里而不覺疲勞，有若行軍於無人之地；攻擊敵人必獲勝利，乃攻敵之虛也，防守時一定能固守，乃守敵之不攻。

所以善於攻擊者，敵人不知如何防守；善於防守者，敵人不知如何進攻。微妙啊！敵人見不到我軍行動；神奇啊！敵人聽不見我軍聲息。所以，我們才能牽制敵人的一舉一動。

四 說明

要避實擊虛，須先識敵我彼此之虛實。

知道彼此的虛實後，才能微乎，微乎，敵見不到我軍之行動；才能神乎，神乎，聽不見我軍之聲息。

第三節

進、退；戰、守

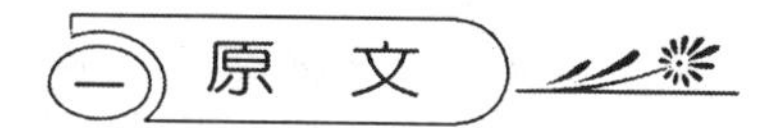

一 原文

進而不可禦者，衝其虛也；退而不可追者，速而不可及也。

故我欲戰，敵雖高壘深溝，不得不與我戰者，攻其所必救也；

我不欲戰，雖劃地而守之，敵不得與我戰者，乖其所之也。

二 注釋

1. 進：進攻。
2. 退：退卻。
3. 乖：異也，懷疑之。

三 語 譯

當我攻擊時，敵人無法抗拒，是因為我攻擊他空虛之地；當我退卻時，敵人無法追趕，是因為我行動迅速，敵人尚未察覺。

所以，當我想戰時，敵人雖高壘深溝，亦不得不出而應戰，因為我攻其所必救之處。

當我不想戰時，雖只是畫地而守，敵人也不會越雷池一步前來進攻，因為他有所懷疑在心。

四 說 明

此乃以實擊虛的具體方法。

「魚不可脫於淵，國之利器，不可以示人。」(老子《道德經》第三十六章)以退為進之道，林彪亦有所謂「退一步，進二步」之說。

第四節

專、分；眾、寡

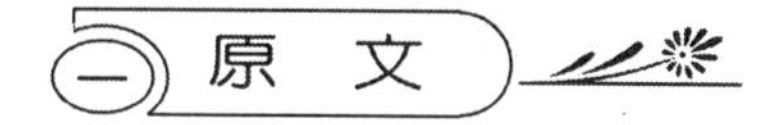

故形人而我無形，則我專而敵分；我專為一，敵分為十，是以十攻其一也，則我眾而敵寡；能以眾擊寡者，則吾之所與戰者，約矣。

吾所與戰之地，不可知；不可知，則敵所備者多；敵所備者多，則吾所與戰者寡矣。

故備前則後寡，備後則前寡，備左則右寡，備右則左寡，無所不備，則無所不寡。

寡者，備人者也；眾者，使人備己者也。

二 注　釋

1. 形：現形，暴露也。
2. 專：專一。
3. 分：分散。
4. 約：簡約、簡要。
5. 寡：少也，弱也。

三 語　譯

如此，我能使敵人暴形而我軍不現形，成為我方兵力集中，敵方兵力分散，我的兵力集中成一股，敵之兵力分散為十股，是則相當於以十攻一的懸殊；那就等於我眾敵寡之勢，能以眾擊寡，那就簡單多了。

我所要前進與攻擊之地點，為敵方所不知，因為不可知，所以敵人的防備就多了，由於敵人分多處防備，則我軍所面對的防禦益形薄弱。

敵人防備前方，後方就弱了；防備後方，前方就弱了。

防備左方，則右方弱了；防備右方，則左方弱了；無所不備，則無處不弱。

敵人兵力之所以形成不足，就是為我而備多；我軍兵力之所以形成優勢，就是敵人備多而兵力分散。

四　說　明

兵力的眾、寡，多、少，不是絕對的，而是相對的。孫子說：「我專為一，敵分為十」，意即在戰略上要以寡擊眾，但在戰術上務必以眾擊寡。

第五節

知戰之地，知戰之日

一 原文

故知戰之地，知戰之日，則可千里而會戰。

不知戰地，不知戰日，則左不能救右，右不能救左，前不能救後，後不能救前，而況遠者數十里，近者數里乎？

以吾度之，越人之兵雖多，亦奚益於勝哉？

二 注釋

1. 而況：何況。

2.度：忖度、揣度。

3.奚：何也。

4.益：有益於。

如果我們能判斷作戰的地點與時日，那麼，就算在千里之遠，亦可前去會戰。

如果我們不能判斷作戰的地點與時日，那麼，敵人一出手打我左翼，不能救右翼：打我右翼，不能救左翼。打我前鋒，不能救我後衛；打我後衛，不能救前鋒。因此，從十里之遠，甚而數里之近的敵兵，我都不能相救。

據我的判斷、分析，越國的兵力雖多，他何能能到勝利？

四　說　明

能掌握作戰的地點與時間，那就掌握了作戰的主動契機，也就掌握了勝利的左券。

第六節

得失、動靜、死生、餘不足

一 原文

故曰：勝可為也，敵雖眾，可使無鬥。

故策之而知得失之計，作之而知動靜之理，形之而知死生之地，角之而知有餘不足之處。

二 注釋

1. 為：人為造成的，可能的。
2. 鬥：戰鬥。
3. 策之：籌也，推測之。
4. 作之：動作、作為、偵察。
5. 形之：佈署。

6. 角之：角量、接觸。

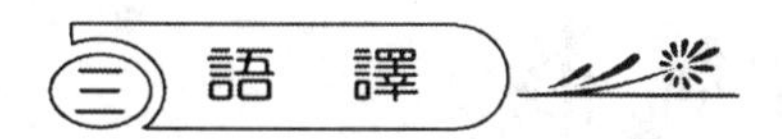

三　語譯

因而，勝利是有可能的，敵兵雖多，可使之不能戰鬥；所以，透過廟算可以知道雙方的得失，透過偵察可以知道敵方的動靜，透過佈署兵力的多寡，可以知道勝負、生死的結果，透過情報的接觸，就知道戰鬥是有餘還是不足？

四　說明

戰場上之得失、動靜、死生、有餘、不足，變化無窮，運用之妙，存乎一心。

「不打沒把握的仗」，這是孫子的最高戰爭指導原則。

第七節 有形與無形

一 原文

故形兵之極，至於無形；無形，則深間不能窺，智者不能謀。

二 注釋

1. 形：部署。
2. 極：最高境界。
3. 間：間諜。
4. 謀：想得到。

三 語譯

部署兵力的最高境界，到了無形（不著痕跡）的地步；無形的部署，就算是潛伏再深的間諜，亦無法窺知；再有智慧的人，也無法揣測。

四 說　明

佈有形於無形，現無形於有形，乃識虛實，避實擊虛之最高作戰策略。

第八節

勝之形，制勝之形

一 原文

因形而措勝於眾，眾不能知，人皆知我所以勝之形，而莫知吾所以制勝之形。

故其戰勝不復，而應形於無窮。

二 注釋

1. 形：虛實之部署。
2. 措：措施，作戰方式。

三 語譯

由於看穿了敵人的部署，採用適當作戰方式，因而獲得勝利。眾人只知我軍勝利的結果，卻不知道我軍勝利的道理。

由於每次作戰，都有不同的佈署，所以我軍佈署的虛實變化，無窮無盡。

四 說　明

作戰方式，應隨機而動，隨時而異，不可重複老套，一成不變。有如：「四時有不謝之花，八節有長青之草。」一般的多采多姿。

第九節

兵無常勢，水無常形

一 原文

夫兵形象水。

水之形，避高而趨下；兵之形，避實而擊虛。

水因地而制流，兵因敵而制勝。

故兵無常勢，水無常形；能因敵變化而取勝，謂之神。

故五行無常勝，四時無常位，日有短長，月有死生。

二 注釋

1.五行：金、木、水、火、土。

2. 無常勝：相生相剋。

3. 四時：春、夏、秋、冬。

4. 無常位：四季交替，循環不已。

三 語　譯

兵形如水勢。水勢避高而趨下；兵形避實而擊虛。水因地形而制約奔流的方向；兵因敵情的判斷，而決定作戰取勝方針。

所以，作戰沒有固定方式，就像水無固定形態；總要因應敵情而變化取勝，這叫做用兵如神。

金、木、水、火、土五行相生相剋，沒有哪一個可以獨霸；春、夏、秋、冬四時相替相代，沒有哪一個可以永在。

猶如：日之有陰晴短長，月之有盈虧圓缺。

四 說　明

水之為物，無形、無狀。往往動之以時，流之以勢，不違天時，不逆地勢，可行則行，可止則止，無不動靜自如；帶兵作戰亦然，勝敗、生死，往往在指揮官的一念之間。

《第七章》

軍爭篇

章旨：兩軍相爭，勢均力敵；其勝負之決定，端在「以迂為直，以患為利」，以及「後發先至」時效之戰略原則。至於「知諸侯之謀」、「知各種地形」、「用鄉導」、「詐立」、「利動」、「分合為變」、「治氣」、「治心」、「治力」、「治變」，則全在以智勝的作戰方法。

第一節　迂直之計

一 原　文

孫子曰：凡用兵之法，將受命於君，合軍聚眾，交和而舍，莫難於軍爭。

軍爭之難者，以迂為直，以患為利。

故迂其途，而誘之以利；後人發，先人至，此知迂直之計者也。

二 注　釋

1. 君：君王、君主。
2. 合軍：調集正規軍。

3. 聚眾：民防動員。

4. 交合：兩軍對壘而戰。

5. 舍：捨棄、停止，宿營之意也。

6. 軍事：戰鬥。

7. 迂：遠。

8. 直：近。

9. 途：道也。

三 語 譯

孫子說：用兵之道，指揮官受命於國君，從兵員之徵召，組訓民眾，後勤動員，到前線作戰，其間最艱巨的，乃是軍機的掌握。

軍機掌握之難，乃在於我方變迂遠為直近，轉傷害為有利；迂迴繞道前進，誘敵以利，使我後發而先至，以爭一日之勝，這是「以迂為直」的計謀啊！

四 說 明

行軍出師，驅螻蟻之眾，與敵角逐，以爭一日之勝，得之則生，失之則死，生死存亡關頭，全在一念之間，迂直之計，可不慎歟？

「軍聽將令，草聽風」，處交戰之際，軍令之貫徹最為重要。

第二節

輜重、糧食、委積

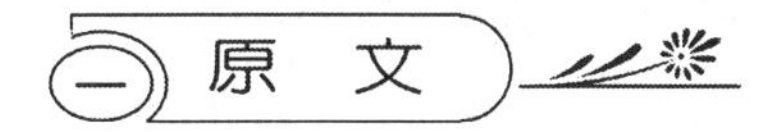

故軍爭為利，軍爭為危。

舉軍而爭利，則不及；委軍而爭利，則輜重捐。

是故卷甲而趨，日夜不處，倍道兼行。

百里而爭利，則擒三軍將；勁者先，罷者後，其法十一而至；五十里而爭利，則蹶上將軍，其法半至；三十里而爭利，則三分之二至。

是故軍無輜重則亡，無糧食則亡，無委積則亡。

二 注釋

1. 不及：趕不上。
2. 舉軍：全軍。
3. 委：拋棄。
4. 輜重：有帷蔽可坐臥、載物之車，曰輜車；古之行者攜載物質曰輜重，常指軍用物資。
5. 捐：損失。
6. 卷：通「捲」，收拾。
7. 趨：急走貌。
8. 處：停留。
9. 倍：加倍。
10. 兼：兩倍，如兼程。
11. 罷：通「疲」。
12. 三軍將：三軍統帥。
13. 蹶：折損。
14. 委積：委，末尾也，後備部隊。

三 語譯

及時掌握戰機，最有利於作戰；錯失戰機，最有害於作戰。

全軍投入，爭取作戰勝利，就會趕不上戰機；放棄部分後備部隊，投入作戰，那就會喪失了輜重。

為了爭取戰機，因而捲起鎧甲，日夜不停，加倍、加速行軍。

以「日行百里」的「強行軍」去爭取戰機時，那麼勁道十足的士兵跑在前頭，勁道不足的士兵落在後面，其比例是一比十，那麼三軍統帥被俘，全軍覆沒。

以「日行五十里」的「急行軍」，去爭取戰機，當部隊一半先到，一半落後，就會折損前軍之帥，被敵各個擊破。

以日行三十里之正常速度行軍，有三分之二的部隊可以及時到達，即可展開戰鬥，以待後勤與預備部隊的參戰。

所以，軍隊沒有輜重會亡，沒有糧食會亡，沒有預備部隊、補充物資會亡。

四 說明

強行軍、急行軍雖拔得頭籌，然而「兵到用時方知窮」，最後還是免不了損兵折將，甚而全軍覆沒，「兵的田糧，官的排場」，「兵馬未動，糧草先行」兩句俗語，足以印證「軍無輜重則亡，無糧食則亡，無委積則亡」的真理。

第 三 節

疾如風、徐如林、不動如山

一 原文

故不知諸侯之謀者，不能豫交；

不知山林、險阻、沮澤之形者，不能行軍；

不用鄉導者，不能得地利。

故兵以詐立，以利動，以分合為變者也，

故其疾如風，其徐如林，侵掠如火，不動如山，難知如陰，動如雷霆。

掠鄉分眾，廓地分利，懸權而動，

先知迂直之計者勝，此軍爭之法也。

二 注　釋

1. **諸侯**：此處泛指列國。
2. **謀**：謀略。
3. **沮**：低溼之地；如沮洳。
4. **鄉導**：鄉民引導，即嚮導。
5. **廓**：擴展、擴張。
6. **權**：本指秤錘，用以稱物之輕重。此處當權衡、變通講。

三 語　譯

不知列國動向，不察國際形勢，就不能預定外交方針；不熟悉山嶺、森林、險要、阻塞、低窪、水澤等地形，不能行軍；不用當地人做嚮導，不能得地利。

軍隊作戰時，是以欺敵立功，是以誘敵得利，是以分合戰術極奇正之變幻。

所以軍隊動起來迅如疾風；徐緩時有如林之立；攻擊時猛烈得有如烈火；不動時有如山岳之挺立，難以預測。他的行蹤，有如陰雲天候；一旦行動，有如雷霆的如斯響應，迅不及掩耳。

掠取村莊，獲得人力補充；擴張領土，獲得資源補足；衡量軍情的輕重先後，再採取行動；能審察迂直之計的勝利，乃是掌握軍機的要領。

四 說明

帶兵作戰，除了配合「天時」、「地利」外，更應重「人和」。總之，要做到「天人合一」的境界。

第四節
夜戰火鼓，晝戰旌旗

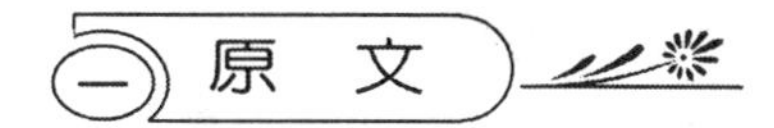

一 原文

《軍政》曰：「言不相聞，故為金鼓；視不相見，故為旌旗。」

夫金鼓、旌旗者，所以一民之耳目也；民既專一，則勇者不得獨進，怯者不得獨退，此用眾之法也。

故夜戰多火鼓，晝戰多旌旗，所以變人之耳目也。

二 注釋

1. 軍政：古兵書名。

2. **金鼓**：金是鑼、鳴金（鑼）收兵，擊鼓進軍，是為軍隊進退號令。
3. **旌旗**：小的三角旗飾以旄牛尾，彩色鳥羽曰旌；大的四角旗上，繪熊虎圖象，曰旗，均為軍隊的指揮信號工具。
4. **用眾**：指揮眾人。
5. **變**：變更、適應。

三 語譯

古兵書上說：「由於音聲不相聞，特設鑼鼓以為進退號令；由於目視不相見，特設大小旗幟，以為指揮依據。」

由於耳聽金鼓、目視旌旗，合眾人耳目為一人耳目，形成號令專一。那麼勇猛者不得自進，怯懦者不敢獨退，這是指揮軍隊作戰的法則啊！

所以，夜戰多以火、鼓為號令，晝戰則用旌旗來指揮，這是因日夜之差，運用不同的通訊工具，以達到指揮的效果。

四 說明

在戰場上指揮部隊作戰，通訊設備十分重要，這裡所說的通訊設備有視覺通訊：旌旗、煙火等；有聽覺通訊：鑼鼓、號角等。到如今的電子儀器通訊，更形重要，成為決定作戰勝負的主要關鍵。當電子通訊儀器遭攔劫或干擾，這時作戰部隊，有如盲人騎瞎馬、半夜臨深淵之困境。

未來的戰爭，可說是一場電子大決戰。

第五節

治氣、治心、治力

一 原文

故三軍可奪氣，將軍可奪心。

是故朝氣銳，晝氣惰，暮氣歸；

故善用兵者，避其銳氣，擊其惰歸，此治氣者也。

以治待亂，以靜待譁，此治心者也。

以近待遠，以佚待勞，以飽待飢，此治力者也。

無邀正正之旗，勿擊堂堂之陳，此治變者也。

1. 氣：銳氣。
2. 心：心志。
3. 朝：朝陽初起時。
4. 晝：日中。
5. 暮：傍晚日落之時。
6. 譁：喧譁。
7. 邀：要也，挑戰。

三 語譯

面對敵軍，可以打擊其士氣，面對敵將，可以擾亂其心志。

就天候論，通常朝氣蓬勃，午氣怠惰，暮氣則沉沉。

所以善用兵的人，要避敵人初來時的一鼓作氣。

打擊他其後的「衰」「疲」之氣，這是掌握軍隊「士氣」的方法。

以嚴整來對待敵人的混亂，用冷靜來對待敵人的輕躁，這是掌握「軍心」的方法。

以近待遠，以逸待勞，以飽待飢，這是掌握「軍力」的方法。不去襲擊旗幟整齊的隊伍，不攻擊陣容嚴整的行陣，這是掌握戰略的方法。

四 說 明

軍事作戰三大致勝因素：

一、「氣」：氣者軍隊之士氣。

二、「心」：心者將領之決心與企圖心。

三、「力」：力者官兵之生命力、作戰能力。

「夫戰，勇氣也。一鼓作氣，再而衰，三而竭。彼竭我盈，故克之。」(《左傳・曹劌論戰》) 曹劌深懂治氣、治心、治力要領，故能為魯莊公擊敗齊軍。

第六節

窮寇勿追

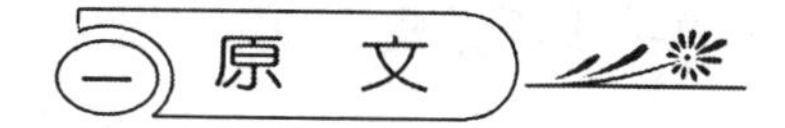

一 原文

故用兵之法：高陵勿向，背丘勿逆，佯北勿從，銳卒勿攻；餌兵勿食，歸師勿遏，圍師必闕，窮寇勿迫，此用兵之法也。

二 注釋

1. 向：面對著。
2. 逆：正面。
3. 北：背也，敗也；敗北之謂。
4. 餌：引誘也。
5. 食：吞食，消滅也。

三 語譯

用兵法則：敵處高地，不仰攻；敵背倚丘陵，不正面去迎擊；敵人裝敗，不去跟蹤追擊；敵之精銳所在，不主動攻擊；誘我之兵，不去消滅他；退卻之師，不去阻攔他；包圍敵軍，必網開一面；逃亡四散之敵兵，不再壓迫他。以上都是戰術問題。

四 說明

「誘餌藏釣鉤」，「誘魚上鉤，取而烹之」，故而餌兵勿食。

「窮獸勿逐，窮寇勿追」，當心反撲。

「歸師勿掩，圍師必闕」，留一活路給敵人；否則抗拒到底，於己、於人皆不利。張巡、許遠之死守睢陽城，是個好例子。

《第八章》

九變篇

章旨：用兵之法，不拘常法，臨事、臨時適變，從宜行之，當極其變也，是謂「九變」。

九者多也，並非定數。

圮地無舍，絕地無留

一 原文

孫子曰：凡用兵之法，將受命於君，合軍聚眾。

圮地無舍，衢地合交，絕地無留，圍地則謀，死地則戰。

二 注釋

1. 圮地：指險阻、沮澤之地，亦指傾斜之地。
2. 舍：住宿，紮營也。
3. 衢地：四通八達之地。
4. 絕地：隔絕之地，死地也；指極為困窘之地。
5. 謀：出計謀。

三 語 譯

孫子說：大凡用兵的原則：統帥受命於國君，進而動員軍隊，組織民眾。

地勢低窪的地方不可紮營，四通八達交界之處應結合諸侯以為響應，凡前無通路之地，不可久留，處圍困艱險地，當以奇謀突困，逢死地則反攻。

四 說 明

置之死地而後生，此即所謂「絕地大反攻」。

第二節
五不主義

一 原文

途有所不由，軍有所不擊，城有所不攻，地有所不爭，君命有所不受。

二 注釋

1. 途：通「塗」，路也。
2. 由：走也，通行。
3. 受：受命。

三 語譯

有的道路，不見得要通過；有的敵軍，不見得要襲擊他；有的城池，不見得要攻取它；有的地方，不見得要爭奪；國君的命令，不見得要接受。

四 說明

戰爭有其作戰的總目標、總意圖，總要機動靈活。指揮官有時必要發揮「有所為，有所不為；無所求，無所不求」的「變通」原則。

岳飛在「痛飲黃龍收復兩京（燕、汴兩京）迎還二聖（徽、欽二帝）」的總目標下竟然在距汴京開封四十五里的朱仙鎮，應高宗十二道班師之金字詔牌，以致「恢復故疆」之意圖功虧一簣，成為千古恨，充分地說明了「將在外，君命有所不受」的至理。

第三節

九變之利，九變之術

一、原文

故將通於九變之利者，知用兵矣。

將不通於九變之利者，雖知地形，不能得地之利矣。

治兵不知九變之術，雖知五利，不能得人之用矣。

二、注釋

1. **九變**：數之極為九，九變乃多變（變幻莫測）之意。
2. **五利**：即前節「途有所不由……君命有所不受」等五個變通原則。

三 語譯

大凡將帥能夠精通以上各種機變的運用者，是懂得用兵了；將帥不能精通以上各種變通的原則者，雖然知曉地形，也不能得地利之變。

帶兵而不知道各種應變的方法，即使知道上述「不由、不擊、不攻、不爭、不受」的五利，也不能達到用兵的效果。

四 說明

帶兵作戰若不知「九變之術」，雖得「天時」與「地利」，亦不能稱為「知兵」。

第四節 無恃其不來、不攻

一 原文

是故智者之慮，必雜於利害，雜於利，而務可信也；雜於害，而患可解也。

是故屈諸侯者以害，役諸侯者以業，趨諸侯者以利。

故用兵之法，無恃其不來，恃吾有以待之；無恃其不攻，恃吾有所不可攻也。

二 注釋

1. 雜：交雜、參雜。

2. 務：所從事的企圖。

3. 信：伸也。

4. 屈：屈服。

5. 役：役使。

6. 業：事務。

7. 趨：驅使。

8. 恃：希望，待也。

9. 所：有所依憑，有所準備。

三 語譯

有智慧的將領，他的思考，必須兼顧「利」、「害」(亦即「得」、「失」) 兩端。就利、得的最好期望，對於任務的達成才有信心；就害、失的最壞打算，憂患方可解除。

要使諸侯屈從，必以威武之害加之；要役使諸侯，必以混亂加之；要驅使諸侯，必以利得誘之。

所以用兵之法，不要一心巴望敵人之不來，而要靠著自身有備無患；不要寄望於敵人不來攻擊，而是自己要有充分的工事預防。使敵人無處下手攻擊。

四 說明

「安須思危，存須思亡」，這是運動戰（前一句）與陣地戰（後一句）的兩大要領。

第五節

將之五危

一 原文

故將有五危：必死，可殺也；必生，可虜也；忿速，可侮也；廉潔，可辱也；愛民，可煩也。

凡此五者，將之過也，用兵之災也。

覆軍殺將，必以五危，不可不察也。

二 注釋

1. 五危：將領易犯之五種危機。
2. 過：過失。

3. 災：災難。

4. 覆軍：敗軍。

(三) 語　譯

身為將領者，常犯下列五種缺失，致使作戰陷入危機：

(一)勇而無謀，只知死拚，往往作無謂的犧牲。

(二)貪生怕死，一味逃命，常落得戰敗被俘。

(三)急躁忿怒，剛愎自用，難忍挑逗，憤而出戰。

(四)潔身自好，一絲不苟之人，難容凌辱毀謗。

(五)愛民慈眾，往往無微不救，無遠不援，不勝煩困。

以上五事，乃將領易犯過失，造成用兵的災難。軍隊覆滅，將士傷亡，都是這「五危」所造成。身為指揮官不可不察。

(四) 說　明

見機行事，臨機而動，臨陣指揮不可守一而不知變。

「權變」乃戰場最高原則。

《第九章》

行軍篇

章旨：行軍之道，計分㈠山地行軍；㈡河川地行軍；㈢沼澤地行軍；以及㈣平地行軍等四種。依地貌之不同而有不同的要領。

行軍與偵察敵情，又須相輔而行；因而沿途鳥獸、草木、塵埃之末微異狀，亦必詳察之。

第一節 處軍四利

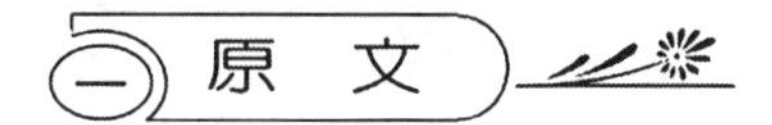

一 原文

孫子曰：凡處軍、相敵：

絕山依谷，視生處高，戰隆無登，此處山之軍也。

絕水必遠水，客絕水而來，勿迎之於水內，令半濟而擊之，利。欲戰者，無附於水而迎客，視生處高，無迎水流，此處水上之軍也。

絕斥澤，惟亟去勿留，若交軍於斥澤之中，必依水草而背眾樹，此處斥澤之軍也。

平陸處易，而右背高，前死後生，此處平陸之軍也。

凡此四軍之利，黃帝之所以勝四帝也。

二 注釋

1. 處軍：部署軍隊。
2. 相敵：警戒相持。
3. 絕：穿過，如絕江河。
4. 依：依傍，靠近。
5. 視生：面陽。
6. 處高：處在高地。
7. 隆：高也。
8. 濟：過渡、過河。
9. 附：近也，如附近。
10. 斥：斥鹵之地，可以煮鹽而不可耕種之地。
11. 亟：趕快。
12. 四帝：四方諸侯，指黃帝戰炎帝於阪泉，戰蚩尤（九黎）於涿鹿。東到海，登泰山；北逐葷粥；西登崆峒；南登熊耳。

三 語譯

孫子說：凡部署軍隊、與敵人相持之道：

㈠通過山地時，必依山谷而行。面向開闊向陽、高亢處宿營，與自高而下的敵軍交戰，不可向山仰攻，這是山地行軍之要領。

㈡行軍渡河上岸，快速離岸，以免壅塞，自亂陣腳；若是敵軍渡河而來，不可與之迎戰於水中，應在他半上岸、半處水中時擊之，對我最為有利；此時若欲決戰，不宜在水邊構築陣地迎敵，應選高亢開闊處，迎戰敵軍，絕不可在下游處，面河迎戰敵軍，這是河川行軍水戰的要領。

㈢通過鹼鹵、低窪地帶，應迅速行進，切勿停留；若不得已與敵交戰於沼澤、低窪地帶，趕快近依水草，背倚林木以為憑藉，這是沼澤作戰的要領。

㈣平原作戰應選擇平坦開闊處，右背高地，恃為形勢，前低後高，便於追擊敵軍，這是平原行軍的要領。

就因為這四種行軍之利，黃帝才戰勝了四夷。

四 說明

各種不同之地形，對部隊的行動、部隊的裝備，影響至大，機動乃行軍宿營之第一要義。

第二節

伏姦之所

一 原文

凡軍好高而惡下，貴陽而賤陰，養生而處實，軍無百疾，是謂必勝。

丘陵隄防，必處其陽，而右背之，此兵之利，地之助也。

上雨水沫至，欲涉者，待其定也。

凡地有絕澗、天井、天牢、天羅、天陷、天隙，必亟去之，勿近也。

吾遠之，敵近之；吾迎之，敵背

之。

軍旁有險阻，潢井蒹葭，林木翳薈者，必謹覆索之，此伏姦之所也。

二 注　釋

1. 軍：動詞，駐兵也。
2. 好：喜好。
3. 惡：厭惡。
4. 貴：重視。
5. 背之：倚靠。
6. 絕澗：前後險峻，中有谷地，水橫其中。
7. 天井：四周封閉之地。
8. 天牢：三面絕壁，易入難出，生入死出。
9. 天羅：原始森林地，草木茂密無所伸展，有如天網。
10. 天陷：地勢低窪，道路泥濘，車騎人馬不能行。
11. 天隙：兩邊峭壁，地多坑陷。
12. 潢井：低凹之積水池。
13. 蒹：蘆荻。
14. 葭：初生蘆葦。
15. 翳薈：濃密狀。

三 語譯

駐軍宿營之地，擇高亢避低窪；求東南陽光面，避西北陰濕面。如此，合乎衛生條件且物產（資）豐富，士兵自然康健無病，此為作戰必勝之條件。

對於丘陵隄防，應佔據向陽面，兩翼必有其依托處，這是作戰之利、地形之便也。

上游下雨，水花泡沫下沖；若要涉水，應等水流稍定方可。

行進之中，遇有絕澗、天井、天牢、天羅、天陷、天隙……之地，得趕快離開，切勿靠近。此種地形，我遠離它，讓敵人去接近它；我迎著它，讓敵人背靠著它。

行軍路途中，遇到懸崖、峭壁蘆葦橫生的沼澤地，林地草木茂盛處，都要小心謹慎的一再察看，這是敵人設下埋伏之地，不可不慎。

四 說明

「太行之路能摧車，若比人心是坦途；巫峽之水能覆舟，若比人心是安流。」（唐・白居易〈太行路〉）若比之「兵心」則不啻小巫見大巫矣！正所謂：「天可度，地可量，唯有人心不可防。」（白居易〈天可度〉）

第三節

逆向思考

一　原　文

敵近而靜者，恃其險也；遠而挑戰者，欲人之進也；其所居易者，利也。

眾樹動者，來也；眾草多障者，疑也；鳥起者，伏也；獸駭者，覆也。

塵：高而銳者，車來也；卑而廣者，徒來也；散而條達者，樵采也；少而往來者，營軍也。

辭卑而益備者，進也；辭強而進

驅者，退也。

輕車先出，居其側者，陳也；無約而請和者，謀也。

奔走而陳兵者，期也；半進半退者，誘也。

杖而立者，飢也；汲而先飲者，渴也。

見利而不進者，勞也；鳥集者，虛也。

夜呼者，恐也；軍擾者，將不重也。

旌旗動者，亂也；吏怒者，倦也。

殺馬肉食者，軍無糧也；懸甀不返其舍者，窮寇也。

諄諄翕翕，徐與入入者，失眾也；

數賞者，窘也；數罰者，困也。

先暴而後畏其眾者，不精之至也；來委謝者，欲休息也。

兵怒而相迎，久而不合，又不相去，必謹察之。

二 注　釋

1. 欲人之進：誘人進擊。
2. 易者：平坦之地。
3. 覆也：伏也，有埋伏之兵。
4. 徒：徒手之兵，即步兵。
5. 散：稀散，四散狀。
6. 條達：規律狀。
7. 往來者：人往人來的樣子。
8. 益備：加強準備。
9. 進驅：驅兵前進狀。
10. 輕車：兵車。
11. 期也：期會，有約會合。有可能的狀況。
12. 杖：拄杖而立。

13. 汲：取水。

14. 利：戰利品。

15. 虛：空也，退兵之意。

16. 恐：恐懼也。

17. 軍擾者：夜來騷營鬧鬼者。

18. 懸：懸掛。

19. 甀：小口瓮，用以盛水漿。

20. 窮寇：彈盡援絕之敵人。

21. 諄諄翕翕：和藹收斂貌。

22. 數：屢次，一再地。

23. 精：完美、精密之統兵。

(三) 語　譯

敵我相距甚近，而不見其動靜，因其有險可守也；

敵我相距甚遠，而屢屢挑釁者，必有伏兵，欲我進而擊之；

敵佈陣於平坦開闊之地，因其地利之便，誘人進攻也。

遠望林間，枝葉動搖者，知敵軍已來；結草積木，用為遮蔽障礙者，疑兵也；飛鳥驚起，野獸駭奔四散者，有埋伏之兵。

塵土高揚，而疏薄者，車隊來也；塵土低下而濃密者，步兵來也；塵土稀散而成條狀者，樵夫採集薪柴也，塵土少而見，人來人往者，敵人舍營也。

敵軍來使應對卑謙，而其部隊加強戰備者，有進攻之企圖；反之，強辭傲慢，又陳兵進軍狀者，有退兵之可能。

擺出戰車於兩翼，有對陣急於決戰之勢；沒有事先交涉而提出和議者，必有新的計謀啊！

人馬車輛，奔走佈陣者，有出戰之可能，欲進不進，欲退不退者，這是誘兵的一種。

士兵們倚杖而立者，饑餓也；士兵們取水而搶飲者，渴也。

見到戰利品而不奪取者，疲勞也；飛鳥下聚者，表示已退兵後撤，營地空虛了。

半夜鬧鬼騷營者，恐懼也；軍心擾亂者，乃指揮官失去威信。旌旗交錯雜亂者，表示軍紀失序；軍官怒罵聲不絕，表示士卒疲倦而不聽命。殺馬吃肉者，表示軍糧已盡，拋棄水壺，兵不歸營者，表示已陷入絕境。

長官再三懇切叮嚀，語氣和緩者，表示失去了軍心；一再的獎賞、過度的懲罰，表示已進入窘困之境。

先前嚴厲整飭，逐漸姑息妥協者，已非精於統兵之道；送還人質俘虜者，想要暫時休戰之意。

敵人士氣旺盛，怒目相向，卻不見其進攻，也不見其退卻，一定要加以警覺戒備。

四　說　明

兵不厭詐，「逆向思考」乃運兵迎敵之第一要義。「水流濕，火就燥，雲從龍，風從虎。」(《周易・乾》) 物各有其性，自有其感應之道。

第四節

勿輕舉妄動，勿輕視敵人

一、原文

兵非貴益多，惟無武進，足以併力料敵取人而已。

夫惟無慮而易敵者，必擒於人。

二、注釋

1. 益多：多多益善。
2. 武進：武斷、冒進。
3. 併力：併者，合也；集中兵力。
4. 料敵：判斷敵情。
5. 取人：攻而取之。
6. 易敵：看輕敵人，輕舉妄動。

三 語譯

用兵並不在於人數之眾多，總在免於武斷冒進，集中兵力，判明敵人，進而取勝於人。

萬萬不可輕舉妄動，輕視敵人；否則，必為敵人所擒，成為階下囚。

四 說明

妄動、輕敵必為敗軍之將。

一個優秀而傑出的將領，必須熟稔《大學》定、靜、安、慮、得的首要工夫；其次方是勇、狠、猛、衝之勁道。

「知止而後有定，定而後能靜，靜而後能安，安而後能慮，慮而後而得。物有本末，事有終始；知所先後，則近道矣！」(《大學章句》)

第五節
令之以文，齊之以武

一 原文

卒未親附而罰之，則不服，不服則難用也。

卒已親附而罰不行，則不可用也。

故令之以文，齊之以武，是謂必取。

令素行以教其民，則民服；令不素行以教其民，則民不服；令素行者，與眾相得也。

二 注 釋

1. 卒：士兵。
2. 附：敷也，普遍、融洽。
3. 文：政治手段。
4. 齊：齊一、整飭。
5. 武：懲罰手段。
6. 必取：必勝。
7. 素：平日的，習慣了的，能貫徹的
8. 行：行為規範。

三 語 譯

在尚未取信於士卒時，加以懲罰，則兵心不服，兵心不服，則難以差遣。

已經取信於士卒，而懲罰未能徹底執行，這種士兵也不能派上用場；所以在平時要用政治教育與軍紀規範約束他們，到了戰時以懲罰來整飭他們，這樣才能獲得必勝。

用平日能貫徹的行為規範，來要求人民，人民心悅誠服；平日都不能貫徹的命令，來要求人民，那麼人民就不服；命令能夠貫徹實行，則上下相得益彰。

四 說　明

能「同氣相求」(《周易・乾》)，始能「同聲相應」，才能「同類相從」(《莊子・漁父》)；進而「居則同樂，死則同哀，守則同固，戰則同強」(馮夢龍《東周列國志》第十回)如此則可以戰矣！「聖人無常心，以百姓心為心。」(老子《道德經》第四十九章)是故將領無常心，以士卒心為心。

《第十章》

地形篇

章旨：提示地形之分類，以及在各種地形的行動要領，並應注意六種「兵敗」之象。

總之，決戰地形的掌握往往是勝利的契機。

第一節 通、掛、支、隘、險、遠

一 原 文

孫子曰：地形有通者，有掛者，有支者，有隘者，有險者，有遠者。

我可以往，彼可以來，曰通；通形者，先居高陽，利糧道以戰，則利。

可以往，難以返，曰掛；掛形者，敵無備，出而勝之，敵若有備，出而不勝，難以返，不利。

我出而不利，彼出而不利，曰支；支形者，敵雖利我，我無出也；引而去之，令敵半出而擊之，利。

隘形者，我先居之，必盈之以待敵；若敵先居之，盈而勿從，不盈而從之。

險形者，我先居之，必居高陽以待敵；若敵先居之，引而去之，勿從也。

遠形者，勢均，難以挑戰，戰而不利。

凡此六者，地之道也，將之至任，不可不察也。

二 注釋

1. 通：通暢，有來有往，四通八達者。
2. 掛：懸起，易往難返，如入網羅卦礙之地者。
3. 支：分散、相持不下者。
4. 隘：狹窄處，兩山峽谷易守難攻者。

5.盈：阻塞之。

6.引：帶走。

孫子說：總括地形之分有六種：有通暢者、有阻礙者、有相持者、有狹隘者、有險峻者、有遠距者。

凡是我可以往、敵可以來的，叫通暢；通暢的地形，先據高而向陽處，保證糧道通暢，有利於作戰。

凡是可以前進，難以折回的，叫阻礙。阻礙的地形，敵若無戒備，可以出而戰勝他；敵若有備，我出兵不勝，則難以返回，於我不利。

凡是我出擊不利，敵出擊亦不利，叫相持。大凡相持的地形，就算敵以利誘我，我也不出擊，應將兵撤離，讓敵人出擊一半時，我再襲擊他，十分有利。

凡遇狹隘地形，我先佔據它，控制隘口以待敵軍；如果隘口已為敵人所佔而設防的話，不與敵接戰；若敵佔而不設防的話，與敵接戰。

險峻的地形，我應佔領居高臨下向陽處，等待敵人前來交戰；若是敵人先佔領了險峻之地，我則引兵他去，避免與之交戰。

遠距離的地形，雙方勢均力敵，難以挑戰，即使接戰亦不利。以上六種地形，乃觀察地形之道，必須深加體察勿誤軍機，這乃是指揮官的重大責任啊！

四 說　明

地形，乃助兵立勝之本。六地之形，身為將領不可不知，凡不知者必敗。

「彈鳥，則千金不如丸泥之用；縫緝，則長劍不如數分之針。」（晉・葛洪《抱朴子・備闕》）物各有性，必各得其所，方為大用。

第二節
走、弛、陷、崩、亂、北

一 原文

故兵有走者，有弛者，有陷者，有崩者，有亂者，有北者。

凡此六者，非天地之災，將之過也。

夫勢均，以一擊十，曰走。

卒強吏弱，曰弛。

吏強卒弱，曰陷。

大吏怒而不服，遇敵懟而自戰，將不知其能，曰崩。

將弱不嚴，教道不明，吏卒無常，

陳兵縱橫，曰亂。

將不能料敵，以少合眾，以弱擊強，兵無選鋒，曰北。

凡此六者，敗之道也。將之至任，不可不察也。

二 注 釋

1. 走者：逃者。
2. 弛者：懈怠、鬆弛，紀律不整者。
3. 陷者：陷落，受制於敵，指士氣低落者。
4. 崩者：倒塌，兵敗如山倒。
5. 亂者：紊亂，陣容不整者。
6. 北者：背也，以背向敵，敗北之謂。

三 語 譯

隊伍有逃跑者；有紀律鬆弛者；有士氣低落者；有兵敗如山倒者；有陣容不整者；有敗北逃生者。這六種情況，自非天時地利之不利造成的，全是將領的過失造成的。

在天時、地利相同的情況下，以一成兵力去攻打十成的兵力，士兵只好逃跑；士卒強而軍吏弱，管不了就是紀律鬆弛；軍吏強而士卒弱，則士氣低落；高級軍官發脾氣，不服從軍令，遇到敵人憤慨而擅自出戰，將軍又不知其能力，勢必崩潰。

將領懦弱、軍紀不嚴、教導不明，長官士兵間又無常規約束。以致陣容不整，這就是混亂。

將領不能判斷敵情，以寡擊眾，以弱戰強，軍隊又沒有精銳的前鋒，一定敗北。

這六種情況，乃造成失敗的重大關鍵，是將領的重大責任，不可不加以了解的。

四　說　明

當「走、弛、陷、崩、亂、北」六敗癥兆出現時，此即「大樹將顛，非一繩所維；大廈將傾，非一木所支」之局面。土崩瓦解之日，不遠矣！

第三節

當機立斷

一 原文

夫地形者，兵之助也。

料敵制勝，計險阨、遠近，上將之道也。

知此而用戰者，必勝；不知此而用戰者必敗。

故戰道必勝；主曰：無戰；必戰可也。

戰道不勝，主曰必戰，無戰可也。

故進不求名，退不避罪，唯民是保，而利合於主，國之寶也。

二 注釋

1. 助：輔助。
2. 料敵：估計敵人。
3. 阨：隘。
4. 上將：第一流的將領。
5. 戰道：戰爭的道理，戰爭的形勢。

三 語譯

這地形，乃是用兵的必要條件。

能估量敵人、判斷敵情，就能獲取勝利！研判地形的險隘、路程的遠近，這是高明將領的職責啊！知道這個道理去作戰，一定會勝利；不知道這道理的去作戰，一定失敗。

所以當戰爭的形勢有利於我時，必勝；就算國君說不打，也一定可以打。當戰爭的形勢不利於我時，必然打不贏戰爭；就算國君決心要打，也不可以打。

作戰之道，進不求名，退不避罪，只求保護人民、保存軍力，而利於君國，這樣的將領，才是國之寶。

四 說明

將軍在前線指揮軍隊，進不求名，退不避罪。寧違命而取勝，勿順命而致敗，此即「將在外，君命有所不受」。現代岳飛不可不三思此言。

第四節

愛子可用，驕子不可用

一　原　文

視卒如嬰兒，故可與之赴深谿；

視卒如愛子，故可與之俱死。

厚而不能使，愛而不能令，亂而不能治，譬若驕子，不可用也。

二　注　釋

1. 俱死：一齊死，共存亡。
2. 厚：厚待也。
3. 愛：愛護他。

三　語　譯

平日把士兵如嬰兒樣的看護，到了戰時，可以與他共赴深谷；平日把士兵視如愛子，到了戰時，可以與他共存亡。

反之，厚待而不能使喚，溺愛而不能命令，違紀犯亂而不能加以懲治，那就像養了個驕子，這是不能用來作戰的。

四 說明

教兵如教子，撫而育之，親而不離；愛而勗之，信而不疑。則可以同犯難，共生死；否則養子如養仇，憑空製造冤家，結為仇人。

第五節
知天知地，勝乃可全

一　原文

知吾卒之可以擊，而不知敵之不可擊，勝之半也；

知敵之可擊，而不知吾卒之不可擊，勝之半也。

知敵之可擊，知吾卒之可以擊，而不知地形之不可以戰，勝之半也。

故知兵者，動而不迷，舉而不窮。

故曰：知彼知己，勝乃不殆；知天知地，勝乃可全。

二 注釋

1. 動：行動。
2. 迷：迷惑，迷失方向。
3. 舉：舉措。
4. 窮：困也。

三 語譯

知道我的軍隊可以打，但不了解敵人不可以被攻擊，贏的機會只有一半；知道敵人的軍隊可以被攻擊，但不了解自己的部隊不能打，贏的機會，也是一半。

知道敵人之可以被攻擊，也知道自己的軍隊可以出擊；但不了解地形之險惡而不利於作戰，贏的機會，也是一半。

所以懂得用兵的人，他的行動，不會迷失方向，他的一舉一動，足以應付自如，不致受到困擾。

所以說：知彼知己，只有勝利不會有危險；知天時知地利，就可以得到全勝。

四 說明

〈謀攻第三〉云：「知彼知己，百戰不殆；不知彼而知己，一勝一負；不知彼不知己，每戰必敗。」

本節更強調要「知天」、「知地」，勝乃可以全。

《第十一章》

九地篇

章旨：本章亦論地之利，專以「人情」論地形；前章以地形論地狀，兩者有所不同，互為表裡足以參照。

名九地

一 原文

孫子曰：用兵之法，有散地、有輕地、有爭地、有交地、有衢地、有重地、有圮地、有圍地、有死地。

諸侯自戰其地者，為散地；

入人之地而不深者，為輕地；

我得則利，彼得亦利者，為爭地；

我可以往，彼可以來者，為交地；

諸侯之地三屬，先至而得天下之眾者，為衢地；

入人之地深，背城邑多者，為重

地；

山林、險阻、沮澤，凡難行之道者，為圮地；

所由入者隘，所從歸者迂，彼寡可以擊吾之眾者，為圍地；

疾戰則存，不疾戰則亡者，為死地。

是故，散地則無戰，輕地則無止，爭地則無攻，交地則無絕，衢地則合交，重地則掠，圮地則行，圍地則謀，死地則戰。

二 注釋

1. **散地**：懷念妻子兒女，使人心渙散之地。
2. **輕地**：入敵境未深，易於退卻之地。
3. **重地**：入敵境很深，難返之地。
4. **圮地**：為水所汜，道路難行之地。

5. 三屬：三不管之地。

6. 迂：迂迴、曲折之謂。

三 語　譯

孫子說：用兵作戰的方法，端看客觀條件與士兵心理狀況而定，計有：散地、輕地、爭地、交地、衢地、重地、圮地、圍地、死地九種之分。

所謂散地，是在本國境內作戰；

進入敵境不深者，為輕地；

對於敵我雙方都有利的，是為爭地；

我軍可以往，敵軍也可以來的，是為交地；

處在三國交界之處，或三不管地區，是為衢地；

深入敵國境內，又面臨敵方城池者，是為重地；

凡山林、險阻、沼澤難以行軍之地，是為圮地；

凡進口狹隘、退路曲折之地，以少數敵人扼守險要，足以擊敗我大軍者，是為圍地；

凡速戰則存，不速戰則死的地方，是為死地。

因此，「散地」不宜作戰；「輕地」不宜停留；「爭地」已被敵人佔領，不攻；「交地」搶先佔領，加強部署，不可斷絕；「衢地」應從事外交結合諸侯；「重地」就地徵糧、拉伕；「圮地」應趕緊通過；陷入「圍地」，趕快想出計謀脫困；到了「死地」，只好奮勇作戰，以圖死裡求生。

四 說明

本節論主客作戰與地勢之關係，在軍事作戰上，屬於地略學。「夫佳兵者，不祥之器，物或惡之，故有道者不處。」（老子《道德經》第三十一章）在九種地略上，能避則避，能止則止，能行則行，能謀則謀⋯⋯，只有在「死地」，置之死地而後生，才奮力死戰。

兵者，果然是不祥之器，非到最後關頭，絕不輕啟戰端。

第二節
主動原則，迅速原則

一 原文

所謂古之善用兵者，能使敵人：

前後不相及，眾寡不相恃，

貴賤不相救，上下不相收，

卒離而不集，兵合而不齊。

合於利而動，不合於利而止。

敢問：「敵眾整而將來，待之若何？」

曰：「先奪其所愛，則聽矣；兵之情主速，乘人之不及，由不虞之道，攻其所不戒也。」

二 注 釋

1. 相及：相銜接、相呼應。

2. 眾寡：眾者多也，指主力部隊；寡者少也，指預備部隊。

3. 相恃：相互支援。

4. 貴賤：貴指高級軍官；賤指低級軍士及士兵。

5. 相收：收容。

6. 兵：隊伍。

7. 兵之情：用兵訣竅。

8. 不虞：預料未到。

9. 聽：被動狀態。

三 語 譯

古時善於領導作戰之人，能使敵人：前後部隊不能相策應；主力部隊和預備部隊，不能相互支援；官兵不能相救援；上下不能相扶持。士卒離心不聽指揮，隊伍雖集合卻不齊整。能造成有利於我之形勢，則打；不合於我的形勢，則停。

請問：「當敵軍眾多而整齊地向我前進，我應如何應付？」回答說：「先奪取他所依賴的有利條件，他就陷入被動了。用兵的關鍵，在於迅速，乘人措手之不及，出乎人意料之外，攻其不備就是了」。

四 說　明

自古以來，兵貴神速而出其不意：

1.乘敵攻擊力所不及之處；

2.出於其意料之外；

3.出於其防禦能力之外。

自可成為常勝之軍。

第三節

帶兵須帶心

一 原文

凡為客之道，深入則專，主人不克，掠於饒野，三軍足食。

謹養而勿勞，併氣積力，運兵計謀，為不可測。

投之無所往，死且不北，死焉不得，士人盡力。

兵士甚陷則不懼，無所往則固，入深則拘，不得已則鬥。

是故，其兵不修而戒，不求而得，不約而親，不令而信，禁祥去疑，至死無所之。

吾士無餘財，非惡貨也；無餘命，非惡壽也。

令發之日，士卒坐者涕霑襟，偃臥者涕交頤，投之無所往者，諸劌之勇也。

二　注　釋

1. 克：能夠，勝利也。
2. 掠：掠取、搶奪。
3. 謹：小心謹慎。
4. 積：累積戰鬥力。
5. 往：逃也。
6. 北：背也，敗北之意。
7. 得：得勝也。
8. 修：休息、整編。
9. 不求而得：得心應手。
10. 祥：吉兆。
11. 疑：疑惑、疑竇。
12. 偃：仰也，偃臥者，躺下者。

13. **往**：前去，無所往，無所不利也。

14. **諸**：專諸，春秋時勇士，為吳國公子光（即闔閭）刺吳王僚。

15. **劌**：曹劌，春秋時魯國勇士。魯齊會盟，持劍劫齊桓公，立約收復魯國汶陽之田。

三 語譯

凡進入敵國作戰之軍隊，由於深入敵境，定會專心一志，使對方不能抵抗；在豐饒的田野中，掠取糧草，使得三軍足食。小心謹慎的保養士兵，不使之過勞，提振士氣，聚積戰鬥力，巧設計謀，部署戰鬥，使敵人感覺高深莫測。

然後把部隊投入無可逃之處；如此，官兵抱必死之決心，雖遭重大犧牲，也不敗退；既然上下萬眾一心拚死，哪有不得勝之理！這是士卒盡全力的結果。

士兵深陷危境，就不恐懼；別無去處就會固守；深入敵境，必然小心謹慎，不敢散漫，迫不得已，只好戰鬥到底。因此，這樣的部隊不待整編，都懂得戒慎；不待要求，都能得心應手；不待約束，都能親愛精誠；不待三申五令，就能信守紀律。禁止迷信，去除謠言疑惑，兵士至死都不會逃亡。

士兵身上沒有多餘的錢財，並不表示他不愛財寶；士兵無苟生之命，並非大家不想長壽，而是確實遵守軍令。

當作戰命令下達時，輕傷者坐著涕泗，沾濕了衣襟；重傷者，躺著淚流滿面；像這樣的軍隊，不管你投入哪一場戰鬥，都會變成像專諸、曹劌一樣的勇士。

天可度，地可量，唯有人心不可測。

人心有如一面鏡子，你笑他也笑，你哭他也哭，你怒他也怒。帶兵必須帶心。

第四節

首尾相應

一 原文

故善用兵者，譬如率然；率然者，常山之蛇也。

擊其首則尾至；擊其尾則首至，擊其中則首尾俱至。

敢問：「兵可使如率然乎？」曰：「可。」夫吳人與越人相惡也，當其同舟而濟，遇風，其相救也，如左右手。

是故，方馬埋輪，未足恃也。齊勇若一，政之道也；剛柔皆得，地之理也。

故善用兵者，攜手若使一人，不得已也。

二　注　釋

1. 率然：一種蛇名。
2. 常山：本作恆山，在今河北省曲陽縣西北，與山西省接壤，避漢文帝劉恆諱，改常山。
3. 左右手：猶如兄弟手足。
4. 方：縛也，使之固定。

三　語　譯

所以，善於用兵的人，就像率然長蛇一般；率然是產於常山之蛇，打牠的頭，尾巴就來救應；打牠的尾，頭就來攻擊；打牠的當中，頭尾都來救應。

請問，「使喚軍隊也可以像率然一樣的如斯響應嗎？」回答說：「可以！」就像吳國人和越國人，他們是世仇，相互仇恨著，但當他們同舟共濟遇到颶風時，他們之間互相救援有如兄弟手足。

因而，縛起馬匹，埋掉車輛，要想鞏固陣地，防止士兵逃亡，也是不可靠的。要使懦弱者與強壯者一樣的勇於發揮戰力，這是指揮官的統御術啊——人和！要使剛柔相濟，這要得地利啊！

所以善於用兵者，能士卒團結得像一個人的雙手一樣！這是「軍令如山，軍紀如鐵」，不得不使然也。

四 說明

運兵貴在迅速、重在靈活，有如雙頭響尾蛇般，以後為前，以前為後，四頭八尾，觸處為首。敵衝其中，首尾相救。首尾率然，相應如一體。

就戰爭論戰爭，任何一次戰役，都應作整體看。沒有所謂頭、尾、中之分，其機動之靈巧，有如常山之蛇；局部的敗亡，可能引起全體的壞死；同樣地，部分的勝利，也可能獲致全面的勝利。

第五節 軍可使由之，不可使知之

一 原文

將軍之事：靜以幽、正以治。

能愚士卒之耳目，使之無知；易其事，革其謀，使人無識；易其居，迂其途，使人不得慮。

帥與之期，如登高而去其梯；帥與之深入諸侯之地，而發其機，焚舟破釜。

若驅群羊，驅而往，驅而來，莫知所之。

聚三軍之眾，投之於險，此謂將

軍之事也。

九地之變，屈伸之利，人情之理，不可不察也。

二 注釋

1. 之事：治理事情；之，仝「治」，事，職責。
2. 靜以幽：冷靜而幽，令人高深莫測。
3. 正以治：端正而有條不紊，令人不敢怠慢。
4. 易：改變。
5. 革：易也，變易。
6. 謀：謀略。
7. 迂：迂迴。
8. 慮：思考方式。
9. 期：期會、期約；約會也。
10. 深：深入敵境。
11. 發：發動，同「撥」。
12. 機：進攻之機。
13. 所之：到達的目的地。
14. 屈伸：變通。

三 語譯

將軍之治事，要冷靜而令人高深莫測；為人處世要公正而有條不紊。

能夠蒙蔽士兵耳目，使他們在毫無所知下，遵行命令，經常改變行事的方法，更動計畫，使人無法識破其機關。經常變換其駐地，行軍時迂迴其途，使人不知其意圖。

將軍授給部隊的任務，如同登高而抽去梯子，使他們能上不能下；率領軍隊深入敵境時，如同拉弓抽矢一般，有出沒有進；如同項羽之破釜沈舟，有進無退之決心。

指揮軍隊有如驅趕羊群一般，驅之而去，揮之而來，只知跟著走而沒有自己的目標。

聚合三軍，投之於戰場之險地，這是將軍的專職啊！

地形、地勢的變幻，人情、人心之不同，不可不細心考察啊！

四 說明

「民可使由之，不可使知之。」(《論語・泰伯》) 戰力之發揮，有賴於部隊團結一心，上下一體。有時為了爭取戰爭的勝利，不必告知統帥之意圖、計畫。「一項米，飼百樣人」人上一百，各懷鬼胎，「有理是命令，無理是磨鍊」，必要時只好這樣子了。

老子：「常使民無知無欲，使夫智者不敢為也。為無為，則無不治。」(《道德經》第三章）真的讓我們懷疑這兩本書是否為同一作者。

何謂九地

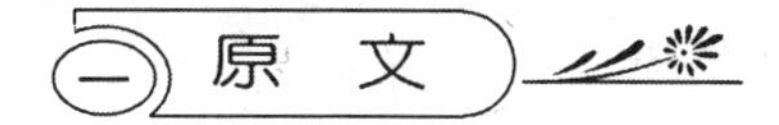

凡為客之道，深則專，淺則散。

去國越境而師者，絕地也；

四達者，衢地也；

入深者，重地也；

入淺者，輕地也；

背固前隘者，圍地也；

無所往者，死地也。

1. 師：作戰也，當動詞用。
2. 背固：背靠著險固之地。

3. 前隘：前有隘口，難以前進者。

三 語譯

凡進入敵境作戰的客軍，深入敵境的部隊，軍心較為專一；進入不深的部隊，軍心容易渙散。越境跨國去作戰，是進入絕地；四通八達之地叫衢地；深入敵境的叫重地；入敵境不深的叫輕地；背有險固之地，前有隘口者為圍地；無處可逃的叫死地。

四 說明

「客軍」乃「外線作戰」，本節論述客軍深入敵境作外線作戰之要領。

當全軍上下專志，將軍有「必勝」之心，士卒有「必死」之意（無幸還之望）則「攻無不克，戰無不勝」。

此乃「投之亡地然後存，陷之死地然後生」之戰爭哲學。

第七節

因應九地之道

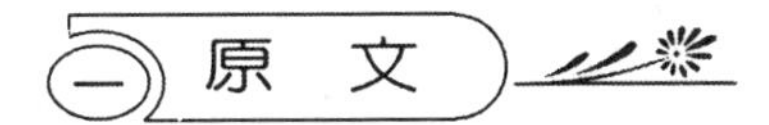

是故：

散地，吾將一其志；

輕地，吾將使之屬；

爭地，吾將趨其後；

交地，吾將謹其守；

衢地，吾將固其結；

重地，吾將繼其食；

圮地，吾將進其途；

圍地，吾將塞其闕；

死地，吾將示之以不活。

故兵之情，圍則禦，不得已則鬥，過則從。

二 注　釋

1. 一其志：統一意志。
2. 使之屬：密集聯貫。
3. 趨：通促，催促、靠近、迫近。
4. 固其結：穩定與諸侯之間邦交。
5. 繼其食：糧食之徵收與充實。
6. 進其途：趕路程。
7. 塞：填補。
8. 闕：缺也。
9. 過：過分、逼不得已。

三 語　譯

因此，在軍心渙散（未深入敵境時）之地作戰，其要領在於統一意志，發揮敵愾同仇之心；當進入輕地時，我將使部隊前後呼應，密集連貫；當部隊進入兩軍相爭之地，我將隊伍趨迫其後；當部隊進入對雙方都有利之地時，我將嚴行守備要津，不輕舉妄動；當部隊進入諸侯交接處，我將穩固各國邦交；當部隊深入敵國境內又面臨敵方固守時，我將加強糧食的徵收與充實，以為久戰之計；當部隊進入山林、沼澤等險阻圮地時，我將加速趕路，以求迅速通過；當部隊被圍困時，我將找出較弱的缺口，以求突圍；當我的部隊進入「不戰則死」的死地時，我將曉示部隊「置之死地而後生」的決心。

若被圍，則堅決抵抗，勢不得已時只好死鬥活纏；陷入險地困境時，由於無路可逃，士卒們只有順從聽命，這是部隊士兵的一般心理。

四　說　明

部隊士兵的心理因素，往往是決戰勝負之先決條件，為將者，不可不深知之。

第八節

臨機應變之要

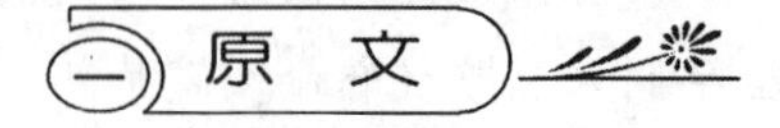

一 原文

是故：

不知諸侯之謀者，不能預交；

不知山林險阻沮澤之形者，不能行軍；

不用鄉導者，不能得地利。

四五者，不知一，非王霸之兵也。

夫王霸之兵，伐大國，則其眾不得聚；威加於敵，則其交不得合。

是故不爭天下之交，不養天下之權，信己之私，威加於敵，故其城可拔，其國可隳。

施無法之賞，懸無政之令，犯三軍之眾，若使一人。

犯之以事，勿告以言；犯之以利，勿告以害。

二 注　釋

1. 謀者：想法。諸侯之謀即國際關係。
2. 預交：預先結交，即外交也。
3. 鄉導：嚮導也。
4. 眾：民眾。
5. 隳：同「毀」，毀滅也。
6. 政：合乎常規。
7. 犯：犯者，範也。干冒，觸發，指揮。

三 語　譯

所以，不了解國際關係與國際情勢者，不能活用外交手腕；不熟悉山林、沼澤等險阻地形者，不能行軍作戰，不重用當地鄉民做嚮導者，不能得地利之便。以上三者，只要缺一，即不能成就王霸之業。

凡能成就王霸之業的盟主，當他討伐其他大國時，使對方不能動員民眾、聚集大軍，威加於敵人，使其陷於孤立無援；所以平時若不結交友邦爭取盟國，又不知培養外交情報人才，只一味憑藉私慾，侵略他國，其結果，本身就落得城破國亡的下場。

領軍作戰是一種非常事業，常需臨機應變之措施。因而，常施超越慣例的獎賞，常頒超乎常規的命令；指揮三軍有如使喚一人，給予任務，不須說明理由，只須告知他戰勝有利之機會，不須告知他意外失敗的結果。

四 說　明

王霸之業的造就，並非全靠武力，窮兵黷武而得之；必佐以政治作戰——尤其外交戰、情報戰與謀略戰之交互運用。

戰爭者，乃「三分軍事、七分政治」之大業。許多人只會說，卻不會做，以至於丟失大陸，竄逃海隅，賚志以歿，尚不知悔悟。

今日之執政者，似乎更加迷信「軍購」，以為買了武器，武器本身就會打仗。「夫佳兵者，不祥之器，物或惡之，故有道者不處。」（老子《道德經》第三十一章）「處子無罪，懷璧其罪」正是這個意思。

第九節
置之死地而後生

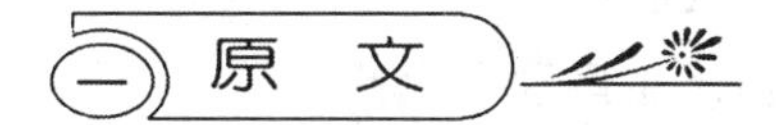

投之亡地然後存，陷之死地然後生。

夫眾陷於害，然後能為勝敗。

二　注　釋

1.**能為勝敗**：轉敗為勝。

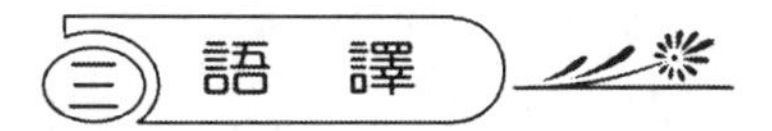

把部隊投入危亡之險地，才保生存；把部隊陷之必死之地，然後才有生路。

當大家都陷於利害與共時，反能轉敗為勝。

四 說 明

大凡士卒陷入危險境地，然後才能奮死求生，此即「投之亡地然後存，陷之死地然後生」之理。「禍莫大於輕敵，輕敵幾喪吾寶；故抗兵相加，哀者勝矣！」（老子《道德經》第六十九章）實力相當的兩軍對抗，以哀兵必勝。

第十節

順勢而爲

一 原文

故為兵之事，在於順詳敵之意，并敵一向，千里殺將，此謂巧能成事者也。

二 注釋

1. 順詳：順勢摸清。
2. 并敵：跟蹤敵人。

三 語譯

用兵之道，在於順勢摸清敵人意圖；根據敵人運動的方向而行動。出兵千里，殺其將軍，這樣的戰爭，巧同造化。

四 說明

「用兵有言：吾不敢為主而為客；不敢進寸而退尺。」（老子《道德經》第六十九章）以退為進，以靜制動，為戰爭之最高指導原則。

第十一節
靜如處子動如脫兔

一 原文

是故政舉之日，夷關折符，無通其使，厲於廊廟之上，以誅其事。敵人開闔，必亟入之。先其所愛，微與之期，踐墨隨敵，以決戰事。是故始如處女，敵人開戶；後如脫兔，敵不及拒。

二 注釋

1. 政舉：決定出兵。
2. 夷：夷平。
3. 折：毀壞。
4. 符：信符，通行證，即今之護照。

5. 厲：鼓勵、激勵、厲行。

6. 廊廟：四周有走廊的大房子。

7. 誅：責成，宣告。

8. 闔：門扉也。

9. 所愛：最重要的地方。

10. 微：暗地裡。

11. 期：約期而戰。

12. 踐：按照。

13. 墨：繩墨所畫出之施工圖案。

三 語譯

一旦政策決定與敵宣戰，立刻封閉邊境，斷絕通行，不通來使；並祭告宗廟，宣告全面應戰。一旦發現敵方有可乘之隙，應立即乘隙而入，奪取敵方要塞，暗地裡準備進行令戰；進一步的按圖索驥，隨跡尋敵與之決戰。

軍隊在未出動前柔弱得有如處女，深藏閨房中；一旦行動後有如脫兔般的狡捷，使人有猝不及防之勢。

四 說明

「大成若缺，其用不弊；大盈若沖，其用不窮；大直若屈，大巧若拙，大辯若訥。」（老子《道德經》第四十五章）

用兵如神，如迅雷疾風之勢，使敵人防不勝防，守不勝守也。

《第十二章》

火攻篇

章旨：闡述五種火攻的種類、條件與方法。水攻可以阻隔敵人，火攻足以殲滅敵人；時至今日科技高度發展，則「火海戰」、「核子戰」，更具毀滅之功效。

第一節
五種火攻形態

一　原　文

孫子曰：凡火攻有五：一曰火人，二曰火積，三曰火輜，四曰火庫，五曰火隊。

行火必有因，煙火必素具。

發火有時，起火有日。

時者，天之燥也；日者，月在箕、壁、翼、軫也。

凡此四宿者，風起之日也。

二　注　釋

1. 火人：燒其軍、民、人、馬等活體。

2. 火積：燒其積存之糧草、被服等民生物質。

3. 火輜：燒其運輸車輛。

4. 火庫：燒其彈藥倉儲、器械。

5. 火隊：隊通「隧」，燒其掩體、碉堡、工事等。

6. 行火：縱火。

7. 因：原因、先決條件。

8. 具：具備，準備條件。

9. 箕：箕九，東南風。

10. 壁：壁九，東北風。

11. 翼：翼二十，西南風。

12. 軫：軫十八，西南風。

三 語譯

孫子說：一般來說，火攻有五種情形，一是燒其人員馬畜；二是燒其給養物資；三是燒其運輸、車輛、車砲；四是燒其彈藥倉儲；五是燒其碉堡、掩體等工事。

縱火有其一定的條件，火攻有其一定的器具；點火有其一定的時機，起火有其一定的日期。

時機是指天乾物燥之時，日期是選在當月球行經箕、壁、翼、軫四個星宿方位時；此時正是東南、東北、西南風起風的日子。

四 說　明

水可以阻止軍隊，火更可以毀滅軍隊，故曰：水火無情。

水火乃出自天然，不需人為製造，水火應用於戰場，往往可收事半功倍之效。

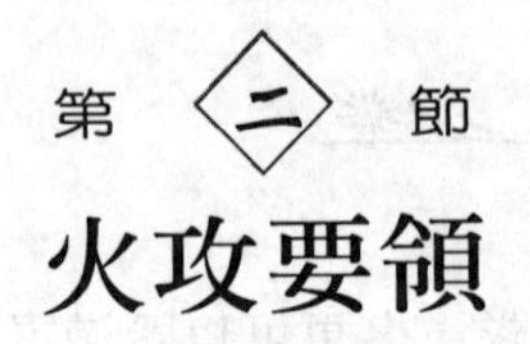

第二節

火攻要領

一 原文

凡火攻，必因五火之變而應之。

火發於內，則早應之於外；火發而其兵靜者，待而勿攻；極其火力，可從而從之，不可從而止。

火可發於外，無待於內，以時發之。

火發上風，無攻下風，晝風久，夜風止。

凡軍必知有五火之變，以數守之。

故以火佐攻者明，以水佐攻者強，水可以絕，不可以奪。

二　注釋

1. **應**：配合、回應、響應。
2. **以時發之**：放的是時候。
3. **數**：數種天時。

三　語譯

凡進行火攻，必須針對上述五種火攻的情況配合之。

從敵軍內部放火時，應在外攻擊之；火起之後，敵軍仍然毫無動靜時，應按兵不動，靜觀其變；等燒了一個程度後，看實際情況，可攻則攻之，不可攻則停止攻擊。

火也可以從外燒起，那就不必有內應了，只要放的是時候即可。在上風放火，不可從下風進攻；白天放的火再久，到了晚上自然熄滅。

進行以上五種火攻方式還必須配合數種天時的變化。因此，用「火攻」可以取勝的道理很明白的了，就如同以「水攻」來加強攻勢一樣有效，不過水攻只能斷絕敵人聯繫，卻不能消滅敵人。

四 說　明

水火無情，兩者都可用於作戰，以為助攻之工具。後者尤勝於前者。

由於「火燒一大片，水流一條線」，因而，《孫子兵法》有「火攻篇」卻無「水攻篇」。

第三節
不可窮兵黷武

一 原文

夫戰勝攻取，而不修其功者凶，命曰費留。

故曰：明主慮之，良將修之。

非利不動，非得不用，非危不戰。

主不可以怒而興師，將不可以慍而致戰；合於利而動，不合於利而止。

怒可以復喜，慍可以復悅，亡國不可以復存，死者不可以復生。

故明君慎之，良將警之，此安國

全軍之道也。

1. 攻取：攻取了城池。

2. 功：戰略的目標。

3. 慮之：考慮周到。

4. 修之：掌握之。

三 語譯

大凡打了勝仗，取得城池，而不能進一步的達到戰略目標，是不吉利的。這只是枉費國家兵力、財力，徒然的使軍隊耗留在外。

所以，當戰爭贏得勝利時，英明的君主要慎重考慮到戰略之最後目的，優秀的將軍也要掌握這一戰果。

所以說：戰爭是非居於有利就不採取行動，非居於必勝就不用兵，非在危迫情況下就絕不應戰。君王絕不可因憤怒不興兵，將帥亦不可因一時的惱怒而交戰，合於國家的利益則戰，不合於國家的利益，則停止作戰。

憤怒時候可以回復到歡喜，惱怒時也可以恢復到喜悅；但亡了國卻不可以復存，丟了性命也未能復生。

所以，英明的君主要慎重於「興兵」，優秀的將軍更要分外警惕於「交戰」，這是國家安全與維繫國防的關鍵啊！

「善為士者不武，善戰者不怒，善勝敵者不與，善用人者為之下。」（老子《道德經》第六十八章）「以戰止戰，不爭之爭」，乃是戰爭哲學的最高境界。

《第十三章》

用間篇

章旨：「間諜戰」乃以最小成本，完成最大效益之一種戰法，不可等閒視之。過分吝惜情報戰之耗費，往往因小失大而誤大事。孫子十三篇，首以「始計」，終於「用間」；始計者「計」彼我之實，用間者「探」彼我之情，勝負定矣！

第一節 知彼、知己首在用間

一 原文

孫子曰：凡興師十萬，出征千里，百姓之費，公家之奉，日費千金。

內外騷動，怠於道路，不得操事者，七十萬家。

相守數年，以爭一日之勝。

而愛爵祿百金，不知敵之情者，不仁之至也，非人之將也，非主之佐也，非勝之主也。

故明君賢將，所以動而勝人，成功出於眾者，先知也。

先知者，不可取於鬼神，不可象於事，不可驗於度；必取於人，知敵之情者也。

二 注釋

1. 公家：政府。
2. 奉：供應。
3. 七十萬家：古時實施井田制度，八家合耕生產，一家從軍出征，其餘七家供奉之，興師十萬，故有七十萬家不得正常生產。
4. 相守：相堅持。
5. 愛：吝惜。
6. 爵祿：爵位和俸祿，即名位和利祿。
7. 人：人民百姓。
8. 象：兆象，預兆也。

三 語譯

孫子說：大凡興師起兵十萬人，出征千里之外，總計百姓的耗費，政府的開銷，每天總在千金之上，以至於全國上下騷動，內外疲於奔命於道路中，因而不能耕作者，有七十萬戶。像這樣的持續數年的戰爭，原是為了爭取勝利一刻，但由於過度吝惜名位和俸祿，捨不得花費從事情報戰，以致不了解敵情，這是最不仁的行為。他不是人民百姓的將領，也非國君的好輔佐，更不是戰爭勝利的主宰者。

英明的國君、賢良的將領，之所以動輒戰勝敵人，成功的機率超出眾人，就是他能未開戰而先知勝負。

這先知並非祈之於鬼神，亦非從象數占卜得知，更非憑空揣度推驗得來；一定要從知道敵情的人的手上得知。

四　說　明

如何方能「不戰而屈人之兵」？端在情報戰之運用與實施。

第二節
五間之別

一 原文

故用間有五：有鄉間、有內間、有反間、有死間、有生間。

五間俱起，莫知其道，是謂神紀，人君之寶也。

鄉間者，因其鄉人而用之；

內間者，因其官人而用之；

反間者，因其敵間而用之；

死間者，為誑事於外，令吾間知之，而傳於敵也；

生間者，反報也。

1. **鄉間**：利用當地民眾為間諜，又叫因間。
2. **內間**：利用敵方內部官員為間諜。
3. **反間**：收買對方的間諜，反為我方收集情報。
4. **死間**：我方情報員傳遞假情報給敵方，是謂反情報。
5. **俱起**：同時並進。
6. **紀**：綜理事物，即今人云：經營之法。
7. **誑**：假情報。
8. **反報**：回報。

三　語　譯

所以，使用間諜的方式有五種：鄉間、內間、反間、死間、生間。

五間同時並用，使對方無法分辨清楚，以為神在運作，這是國君的法寶。

所謂鄉間，是誘使當地的鄉民為間諜；所謂內間，是誘使敵方的官吏為間諜；所謂反間，是收買敵方的情報員為我所用；所謂死間，是使我方情報員洩漏假情報給敵方；所謂生間，就是這位「反情報員」能活著回報敵人之情報。

四 說明

「情報戰」與「反情報戰」乃「同出而異名，同謂之玄，玄之又玄，眾妙之門。」（老子《道德經》第一章）

第三節
用間的精微奧妙

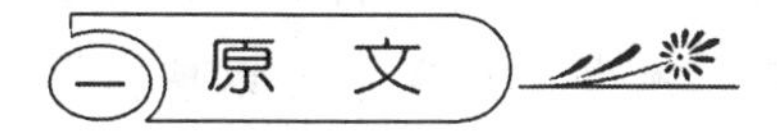

故三軍之親，莫親於間，賞莫厚於間，事莫密於間。

非聖智不能用間，非仁義不能使間，非微妙不能得間之實。

微哉！微哉！無所不用間也。

間事未發，而先聞者，間與所告者皆死。

1. **間事**：間諜計畫。

三 語 譯

所以在三軍之中，親莫不親過於間諜，賞亦莫不賞過於間諜，密亦密不過於間諜者，因而非聖君賢相，不能用間；非仁義慷慨，不能使間；非微妙用心，不能取得間諜的真實情報。微妙啊，微妙啊！無時、無事、無處不可以使用間諜；但是間諜的使用必在極機密狀態行使之，凡間諜任務尚未完成，外界即已知曉者，那麼告知之間諜以及被告知者，都要處死不貸。

四 說 明

「攻人以謀不以力，用兵鬥智不鬥多。」（歐陽修〈准詔言事上書〉）這是「用間」得法的最高境界。

第四節
間乃知彼工夫

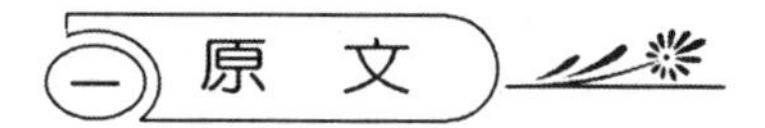

一 原文

凡軍之所欲擊，城之所欲攻，人之所欲殺；必先知其守將、左右、謁者、門者、舍人之姓名，令吾間必索知之。

二 注釋

1. 門者：警衛、司閽者。
2. 舍人：有關的人員。

三 語譯

凡要出擊的軍隊，攻克的城池，人員的刺殺，一定要預先探知他的守將、親信、接待之官員、司閽守衛人員，有關的下屬人員之姓名，指示我方情報員刺探清楚。

四 說明

「不知敵情，軍不可動；知敵之情，非間不可。」杜牧此言，千古不破。

第五節
用間之法

一 原文

必索敵人之間來間我者，因而利之，導而舍之，故反間可得而用也。

因是而知之，故鄉間、內間可得而使也；因是而知之，故死間為誑事，可使告敵；因是而知之，故生間可使如期。

五間之事，主必知之，知之必在於反間，故反間不可不厚也。

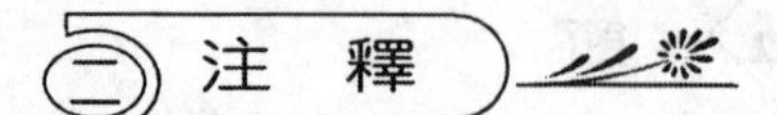

二 注釋

1. 道：教導，洗腦也。
2. 舍：捨之，放歸也。

三 語譯

必須搜索出敵方的情報員，利而誘之，然後交代任務，放他回去，如此反間可得而用之；由於這反間深知敵方內情，如此，鄉間、內間就可因利乘便，得而用之；又由於反間所誘取的情報，能配合敵之內情傳達死間的假情報，生間即可按預定計畫，完成任務。

這五種間諜的情形，主管情報的首長充分的掌握，而其主軸在於反間，所以對於反間不可不厚賞。

四 說明

反間實乃鄉間、內間、死間、生間之根本。

反間最難進行，卻最為有效。「重賞之下，必有勇夫」；否則「人為財死，鳥為食亡」之成語，難以存在。

第六節 亡敵在敵

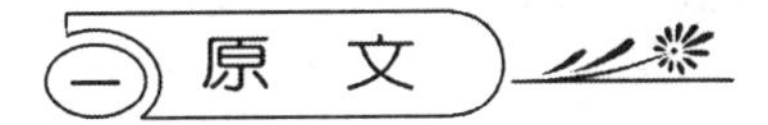

一 原文

昔殷之興也，伊摯在夏。周之興也，呂牙在殷。

故明君賢將，能以上智為間者，必成大功，此兵之要，三軍之所恃而動也。

二 注釋

1. 伊摯：人名即伊尹。
2. 呂牙：姜子牙。

三 語譯

從前殷商的興起，有伊尹在夏；周朝的興起，同樣的有姜尚在殷，所以明君賢將都能選拔最有智慧的人做間諜，必定能成大功、立大業，這是用兵作戰的要領，三軍要依靠他才能行動自如。

四 說明

由伊尹、呂尚兩例子，足以證明「亡夏在夏」、「亡殷在殷」之道。

當今一些政治人物，天天高喊「愛臺」、「救臺」口號，實際上他們是在「賣臺」、「亡臺」，這是否是另一種「亡臺在臺」之道？

參考書目

先秦戰爭哲學　曾國垣　臺灣商務　61.8初版

老子道德經新解讀　韓廷一　臺北萬卷樓圖書公司　93.6初版二刷

孫子兵法十家註　曹操等　臺南大同書局　62.1再版

孫子述要　丁肇強　臺灣高等教育出版社　84.12臺灣一版

十一家註孫子　曹操等　五洲出版社　63.8臺北版

孫子今註今譯　魏汝霖　臺灣商務　76.4修訂三版

孫子兵法釋義　朱明謀　臺南大行出版社　79.4初版

孫子兵法　李零　臺北錦繡出版社　82.2初版

孫子概述教本　版權頁脫落

孫子兵法十三篇、孫吳兵略問答　版權頁脫落

經子肄言　劉百閔　臺北遠東圖書公司　53.6初版

孫子兵法校釋　陳啟天　中華書局　41臺北版

「孫子兵法」教本　劉春志　北京國防大學出版社　84二版

孫子兵法研究　李浴日　臺北黎明書局　84.11初版

跋

漢學造詣深厚的老爹，兩年前注譯《老子道德經新解讀》，與今夏出版的《孫子十三篇新解讀》；這兩本中國思想名著，看似差異很大，其實卻有某些方面的特殊巧合。不同於講述「道」、「德」的老子，孫子十三篇不側重「道之理論」，卻著墨於「道之實踐」；不嗜殺人者能一之的「王道」，便是孫子兵法的中心思想；加之兩書在文體、文法、語法的結構上不像是春秋戰國時期的作品。因而老爹推斷，這兩書可能是西漢時代，一群有心於安邦定國，經世濟民的「黃老學者」的集體創作，而非一時（春秋時代），一人（老聃，孫武）之作。「清靜無為」與「陰謀奇襲」；「以正治國」與「以奇用兵」正是「黃老學者」此一成熟思想的一體兩面之發揚光大。

若純以軍事的角度來看《孫子》：「兵者，國之大事。死生之地，存亡之道，不可不察也。」換言之，國防乃立國第一要件。以五個方面來衡量：「道、天、地、將、法」！不違背道義，方有一戰而勝的士氣與理念；知天時、曉地利，為將所用，循法而治兵；道出了「孫子兵法」的綱目。

兩千五百年前的偉大兵書，受韓信、曹操、李世民等名將青睞，征戰沙場獲致勝利；為法拿破崙、英蓋爾斯(Fioher Gires)、美湯瑪斯等將視為兵學至寶，並將孫子兵者精神，落實於波灣戰爭之中。時至今日，希望和平與避戰的國際局勢，更提醒大家孫子所言：「上兵伐謀，其次伐交，其次伐兵……，不戰而屈人之兵。」的謀攻理念。

「兵者，詭道也！」應用於今日社會，其廣度絕不亞於以往。像是政黨政爭、商戰謀略、運動比賽，甚至於應對進退之人際關係，亦能從《孫子》中獲致經驗，減少錯誤。我認為：學老子可修身養性，習孫子可待人接物。畢竟工商社會中的芸芸眾生，已經可以「詭」道形容之。處世如何練達「洞明」，待人如何圓融「避戰」，相信讀《孫子》，可以讓您獲益良多。

老子「將欲歙之，必固張之；將欲弱之，必固強之。」以退為進的思想，與孫子〈兵勢篇〉「亂生於治，怯生於勇，弱生於強」的觀念相互呼應。坊間談及「孫子兵法」的書冊多如牛毛，但多案例、圖例解釋原文，作技術上的分析。老爹的《孫子十三篇新解讀》則融老子、孫子兩聖的宇宙觀、人生觀、政治觀、軍事論……於一爐，作哲學上的探討，發人深省，讀者們不妨瀏覽參考，或有一得之見。

前國防部長俞大維博士有云：「人生有兩大戰場，平時是經濟戰場；戰時是軍事戰場。」我家客廳有幅對聯：「有所為，有所不為；無所求，無所不求」正是我老爹學「老」習「孫」的心得。

老爹能把家「經營」得夫和婦順，子孝孫賢；各盡所能，各展所長。羨煞親戚朋友同僚，而莫知其道。以我做兒子的親身感受，老爹以老道「經」之，以孫道「營」之，如是而已。

2005.08.05

國家圖書館出版品預行編目資料

孫子十三篇新解讀／韓廷一著, -- 初版. -- 臺北市：萬卷樓, 2005[民 94]

面； 公分

參考書目：面

ISBN 957－739－535－X (平裝)

1. 孫子兵法－註釋

592.092 94013969

孫子十三篇新解讀

著　　者：韓廷一

發 行 人：許素真

出 版 者：萬卷樓圖書股份有限公司

臺北市羅斯福路二段 41 號 6 樓之 3

電話(02)23216565・23952992

傳真(02)23944113

劃撥帳號 15624015

出版登記證：新聞局局版臺業字第 5655 號

網　　址：http://www.wanjuan.com.tw

E－mail：wanjuan@tpts5.seed.net.tw

承印廠商：晟齊實業有限公司

定　　價：260 元

出版日期：2005 年 8 月初版

ISBN 957－739－535－X